博弈论

让你受益一生的思维方式与生存策略

王力哲◎编著

民主与建设出版社
·北京·

图书在版编目（CIP）数据

博弈论 / 王力哲编著. — 北京：民主与建设出版
社，2018.10（2025.2重印）
ISBN 978-7-5139-2291-3

Ⅰ . ①博… Ⅱ . ①王… Ⅲ . ①博弈论 Ⅳ . ①O225

中国版本图书馆CIP数据核字（2018）第208047号

博弈论
BO YI LUN

编 著 者	王力哲	
责任编辑	刘 芳	
封面设计	刘红刚	
出版发行	民主与建设出版社有限责任公司	
电 话	（010）59417749 59419778	
社 址	北京市朝阳区宏泰东街远洋万和南区伍号公馆4层	
邮 编	100102	
印 刷	嘉业印刷（天津）有限公司	
版 次	2018年10月第1版	
印 次	2025年2月第24次印刷	
开 本	700毫米×980毫米 1/16	
印 张	16.5	
字 数	230千字	
书 号	ISBN 978-7-5139-2291-3	
定 价	42.80元	

注：如有印、装质量问题，请与出版社联系。

目　　录

前言 / 1

第一章　博弈是生活的一种基本形态 / 001

为什么我们常常做出了最好的选择，却产生了最坏的结果？ / 002

囚徒困境：这不是一个人的游戏 / 006

纳什均衡：利己主义者的优先策略 / 010

经典博弈论和行为博弈论 / 013

了解博弈的类型，才能更好地了解博弈的结构 / 016

内容延伸 博弈有时是一场控制与反控制的游戏 / 020

第二章　生活中那些令人感到匪夷所思的博弈现象 / 025

哈丁公用地悲剧 / 026

华盛顿合作定律：三个和尚没水吃 / 030

人们会花更多钱买一张低面值的钱吗？ / 034

租赁划算还是出售划算？ / 038

破窗效应与人性大讨论 / 041

谁会是给猫拴上铃铛的老鼠？ / 044

想要卖出产品，为什么需要抬价而不是降价呢？ / 047

为什么很多企业不喜欢打广告？ / 051

傻瓜、骗子和精明者之间的博弈 / 054

内容延伸 把握生活中的群体思维与个人思维 / 057

第三章　博弈的好坏往往取决于人们做出了何种选择 / 061

麦穗理论下的选择性失策 / 062

单独评价和比较评价带来的影响 / 066

鲜花为什么常常插在牛粪上？ / 070

不要做爱情的囚徒 / 073

再亲密的关系也需要一定的私人空间 / 076

生活中的斗鸡模型 / 079

爱的承诺：必须先付出更多的代价 / 082

最优策略就是做出最适合自己的选择 / 085

内容延伸 合理选择优势策略与劣势策略 / 088

第四章　博弈的两种常见模式：竞争或者合作 / 091

低价策略也会传染 / 092

很多时候只要跑赢你的对手即可 / 095

领先者的跟随策略 / 098

展开合作项目，需要做到诚实 / 101

增大对未来的预期 / 105

生活中无处不在的攻防博弈 / 109

如何阻挠新的挑战者进入市场？ / 112

资源多的人会得到更多的，资源少的人将会失去仅有的 / 115

内容延伸 合作有时候需要把握竞争因素 / 118

第五章　把握规律，玩好一个人与一群人的游戏 / 121

投资就是一人对多人的博弈 / 122

博傻理论：找一个比自己更傻的人接盘 / 126

庄家和散户的游戏套路 / 129

庄家与庄家之间的利益之争 / 132

协和谬误下的不良投资 / 138

价值投资领域内的进化稳定策略 / 141

做追求稳定型的投资者，还是当一个风险偏好者？ / 144

内容延伸 博弈是不是一种赌博呢？ / 148

第六章　巧妙谈判，主动改变被动的局面 / 153

"红白脸"策略：引导对方做出最优的选择 / 154

时间是获得策略优势的重要资源 / 157

必要的时候可以下达"最后的通牒" / 160

是坚持主动辞职，还是等着被辞退？ / 163

先满足别人的要求，以此来增加他们做出反抗的成本 / 166

从简单的小要求开始，逐步提出更高的要求 / 169

人事管理的贝勃定律 / 172

积极利用权威来提升自己的影响力 / 176

把握博弈中的配套效应 / 179

内容延伸 博弈者是否具有窥探心理的能力 / 182

第七章　善用规则，才能为自己赢得更多的优势 / 185

熟练运用田忌赛马的博弈风格 / 186

强盗分钻石的博弈 / 189

多人博弈模式本身就是一种相互制约和平衡 / 193

最弱的人，往往拥有最大的优势 / 196

有趣的木桶理论和斜木桶理论 / 199

智猪博弈下的角色定位和利益分配 / 202

分汤制度与公平博弈 / 206

寻求一个与事件相互匹配的威胁和惩罚措施 / 209

对少数人进行奖励，而不是全部 / 212

内容延伸 博弈究竟适不适用于现实生活 / 216

第八章　信息的正向搜集和反向运用 / 219

打破信息不对称引发的博弈劣势 / 220

倾听是最柔和的一种博弈方式 / 224

剪刀石头布的博弈法则 / 227

博弈游戏中的归纳法则 / 230

想要达到目标，有时候需要设定一些诱饵 / 234

反向进行博弈：化被动为主动 / 237

一次性灌输大量信息会引发思维混乱 / 241

有效信息的甄别与提炼 / 244

内容延伸 不要用中立思维计算概率 / 247

附录：博弈论与博弈树 / 251

前　　言

许多人都对"博弈"这个词感到陌生，尤其是觉得它的概念以及相关理论有些难以理解，或者会认为这是一个非常高深的知识。博弈论最初是微观经济学中重要的组成部分，主要是研究决策主体在给定的信息结构下如何决策以使自己的效用达到最大化，并确保不同决策主体之间的决策达到均衡状态。而在过去，博弈多数时候都是披着经济学、数学的外衣出现的，即便是经济学和数学方面的专业人士，也未必掌握大量有关博弈的知识。

在我国，有关博弈的研究起步比较晚，即便是现在其也还不是被大众化传播的知识，更多时候它只是用于经济学研究，多少显得有些专业化与学术化，而这恰恰是阻碍博弈论走进寻常人生活中的最大障碍。

但事实上，它其实并不那么难以理解（尽管它的内容很广泛），在英语定义中，博弈的意义更接近"游戏"，博弈论也可以当成是一种游戏理论。如果进行观察和分析，那么我们日常生活所遭遇、所见到的一切无一不可以通过博弈论进行解释，大到国与国之间的政治、军事、经济对抗与周旋，小到企业之间的竞争与合作，再小一些就是人与人之间的相处模式。打牌的人必须在观察自己的牌时，还要去猜测其他人会怎样出牌，并在此基础上制定自己的出牌策略；一个商人与客户进行谈判时，需要试探和了解对方的想法，猜测对方的筹码，评估自己的策略可能会激起对方多大的反应，并以此作为谈判的资本；一个球员必须精确判断对方的防御方式，并制定相应的进攻策略；在子女教育方面，也常常需要运用博弈手段，如何才能让子女改掉恶习并心甘情愿接受父母的引导，这是一个重要的课题，父母必须更为合理地制定策略来推行自己的教育模式；商品该提价还是该降价，商家应该想方设法去了解市场竞争者以及消费者，并做出合理的决策。

在所有这一切游戏模式中，有这样几个元素，首先是游戏的参与者，或者说博弈的"局中人"，而每一个"局中人"为了实现自己的游戏目标（效用、利益或者也可以称为支付），就需要制定相应的游戏规则以及游戏的策略。有人认为博弈就是依据各种策略来做决策，就是思考着以何种策略为自己创造更有利的条件，这种决策不仅基于自己对事物的认知，更基于判断对手可能会做出怎样的行为的认知，并确保彼此之间出现一个平衡的局面。

在《博弈圣经》（作者：曹国正）这本书中，开篇就提到了这样一段话："博弈是浪漫主义的运动。博弈一直在以哲学的形式和科学的方式进展着，因而研究它就要进入逻辑哲学领域。博弈的发现并不提供赌博的诀窍，但它确实讨论了定性取胜的本质。博弈并不关注目的本身，而关注达到目的的行为，达到目的的行为才是经济研究的内容。"

"人们汇总起来的疑问，应该是终极疑问。我相信所有的人一定是从各角度、各特性、各属性、各结构出发，想解决博弈中的输赢问题，最终意识到是人的问题。无论古人和今人，东方人和西方人，一刻也没停止过对博弈真理的寻找。千千万万人的终极意图，没一个人实现。人们可利用的东西，全部都利用起来，对各方面进行挖掘性寻找，丝毫没有进展。"

而不同的人拥有不同的决策，不同的人生阶段也拥有不同的策略，可以说决策和策略几乎无处不在，只要人们还有利益上的需求和争夺。正如一些人所说，"人生是一个永不停息的决策过程。从事什么样的工作，怎样打理一桩生意，该和谁结婚，怎样将孩子抚养成人，要不要竞争总裁的位置，都是这类决策的例子。你不是在一个真空的世界里做决定，相反，你身边全是和你一样的决策制定者"。

而只有制定合理的策略，才能达到目的，可以说策略构成了博弈的主体，或者说有关博弈的相关内容都可以转化成策略的问题，策略的高低是决定博弈结果的关键性因素。事实上，所有的博弈最终都是为了获得效益或者达成均衡。而想要做到这一点，则需要依赖于强大有效的策略，这也是本书强调的一个重点。

在第一章中，本书阐述了博弈论的发展情况和表现出来的一些基本内容，可以帮助读者了解博弈的大概情况。在第二章的内容中，本书开始讲述生活中的一些常见但令人感到匪夷所思的现象，而这些现象的本质就是博弈，这样就将博弈引入生活，并进一步揭开生活的神秘面纱。从第三章开始，本书重点讲述博弈在生活各个方面的应用，为读者进一步了解博弈并掌握博弈策略提供帮助。这些内容是书中的重点，构成了本书最基本的结构。而最后一章则对博弈以及相关的博弈策略做出了精准和翔实的描述。

本书以生动有趣的文笔，通过通俗易懂的故事，将各种复杂的博弈理论、博弈法则以深入浅出的方式进行剖析，尽可能通过对博弈原理的表象与内里、正面与反面、大智慧与小技巧的介绍，认真分析了博弈论的相关知识。本书虽然借鉴了很多著名的博弈论理论，也从一些博弈论著作中借鉴了不少知识，但它并不仅仅是为了介绍什么是博弈论，而是为了让读者更加深刻地了解生活。

第一章

博弈是生活的一种基本形态

博弈实际上是为了让人们更加精细地活着，是为了让人们更加精细地梳理生活，梳理人际关系，而这也是本书的一个宗旨，即博弈不是钩心斗角的工具，不是尔虞我诈的方法，而是打造美好生活所需要的一个新概念。

为什么我们常常做出了最好的选择，却产生了最坏的结果？

《国富论》的作者亚当·斯密曾经说过这样一段话："我们的晚餐并不是来自屠夫、啤酒酿造者或点心师傅的善心，而是源于他们对自身利益的考虑……只关心他自己的安全、他自己的得益。他由一只看不见的手引导着，去提升他原本没有想过的另一目标。他通过追求自己的利益，结果也提升了社会的利益，比他一心要提升社会利益还要有效。"

按照亚当·斯密的说法，个人在追求个人利益的过程中会对整个社会产生积极影响，会提升整体的利益。但事实并非如此，阿维纳什·K.在《策略思维》中这样说道：

"'看不见的手'至多也就适用于一切都能标出价格的情况。但在经济学以外的许多情况，甚至经济学内部的许多情况中，人们并不会由于损害社会其他人的利益而被征收罚金，也不会由于造福其他人而得到奖励。"

比如在日常生活中，人与人之间常常会存在利益上的纠纷，而这种纠纷和对决就需要人们在采取行动时，选择最有利于自己的一种策略。但是恰恰是因为每个人都在争取自身利益的最大化，使得很多时候彼此之间所做出的选择会产生各种各样的干扰。

通常在有关合作与竞争的体系中，彼此之间的选择可能会产生很大的影响。比如两个人一起合作，双方都希望自己可以获得更多的利益，但是在合作中本身就需要双方做出协调和让步，这样才能达到步调一致以及实现整体利益的最大化，一旦有人过于看重个人的利益，那么另一方也会采取同样的策略，这样一来双方就可能会互相干扰。最常见的现象是，一方希望以最小的成本投入获得最大的利益，或者说自己可以少做点，而对方自然会多做一点；而另一方可能也会这么去想。这样双方可能都会在投入方面越来越吝啬，愿意付出的精力也越来越少，从而影响到整体的利润。

如果双方是竞争对手的关系，那么在制定策略的时候，必定会以增加自身利益而消耗对方利益为主要目的。当一方想尽办法从对方那儿获取利益的时候，另一方也会拥有同样的想法，也会采取同样的策略。因此最终的结局是每一方都采取最消耗对方利益的方式，并直接导致两败俱伤的局面。

有时候人与人之间的关系并不是单纯的合作或者竞争关系，双方就某件事情或者某个问题进行沟通也会产生策略上的交锋。比如一个高中生想让父亲给自己购买一台iPad，所以他会努力学习，并且在期中考试的时候拿到了第一名，现在他可以以此作为与父亲谈判的资本，央求父亲给他购买iPad，而且他认为父亲一定会点头同意的。从情感上来说，父亲应该给予孩子一定的奖赏，但问题在于购买iPad虽然是孩子的愿望，但并不是父亲的第一选择，在父亲看来，儿子的表现非常棒，当然最重要的是继续将这种表现延续下去，而贸然奖励iPad给儿子可能会影响到其正常的学习。

在这里，儿子和父亲之间的想法出现了分歧，儿子认为自己应该获得奖励，但在父亲看来，奖励的时机和物品都不太合适，或许他更期待着儿子考上好大学之后再购买iPad。正因为如此，对这个高中生来说，通过提升学习成绩来达到个人目的的方法并没有起到作用。

儿子和父亲在这里并不是一种竞争关系，但是双方之间的确出现了意见上的冲突，而类似的冲突经常存在于上下级之间，因为双方位置不同、看待问题的角度也不同，所以很容易会在各自的选择上产生一些冲突。比如下级为了做出更大的业绩，可能会铤而走险，违背规则并做出一些冒险的举动。

站在领导的角度来说，更大的业绩也是他们希望看到的，但是他们却绝对不希望下属脱离自己的控制或者违背指令来取得这些业绩。在这种情况下，下级执行人员可能会通过一些非常规的手段获得巨大的成功，但是仍旧遭到了惩罚。

有时候，下级又会做出一些相反的决策，比如他们固守上级领导的指示，觉得自己只要不违背规则，不超出行使职权的界限，那么就是最好的选择，但他们可能因为不懂得变通而导致工作不能完成。而这个时候，上级领导可能更加看重执行的结果，至于执行的过程和方法，他们或许并不那么看重，这样一来下级的选择就要出错。

如果对以上几种现象进行分析，就会发现一个重要的问题，那就是人们在做出选择或者某个决定的时候，通常都认为这样的选择对自己非常有利，会满足自己的需求，但最后常常产生一些不那么合理的结果。从心理学的角度来说，一个人的期望值越高，失落的机会也就越大。或者正如墨菲定律所指出的那样，只要某件事存在变坏或者导致灾难的可能，那么无论这种可能性多小，最终都会发生。当人们做出选择的时候，通常也会导致一些意外的发生，但是多数人可能会忽略这一点，并且认为自己的决策会是最好的，但恰恰是这种最好的选择会产生一些负面影响。

事实上，对于多数人而言，他们自认为的"好选择"往往只是针对个人利益满足来说的。换句话说，人们只是按照自己的需求和立场来思考问题，来制定行动的策略和方法，但是任何人都不是孤立存在的，每个人都与身边的其他人或多或少地产生联系，这些联系通常都是相互作用的结果。简单来说，就是当某个人从自身的需求和立场出发制定某个策略时，或许并没有考虑到这个策略可能会引发他人的反应，或者说当人们设想某一种理想的状况时，没有想过对方可能未必会采取完全迎合的态度，反言之，人们可以控制自己的想法和行动，但是别人始终是这些想法和行动中的不确定性因子。

如果人们能够认识到这一点，就会意识到人生在很多时候都不会按照自己编写的剧本去发展，一些自认为很不错的选择往往会成为束缚和限制自己的不良方案，尤其是当个人决策与他人的决策产生关联并相互牵制时，人们在选择时容易产生差错，而这些差错又会反过来影响人们的决策，使得他们常常陷入选择上的困境。

囚徒困境：
这不是一个人的游戏

上一节的最后谈到了一个重要内容，当个人决策与他人的决策相互牵制时，人生总是不可避免地要面临一些选择上的困难，或者陷入选择困境，而心理学家多年来一直都在积极研究这些困境的某些原理。1950年，美国兰德公司的梅里尔·弗勒德和梅尔文·德雷希尔在研究之后拟定出了相关困境的理论，然后顾问艾伯特·塔克觉得有必要对这个理论进行更加简单直白的阐述，所以举了一个囚徒的例子，并命名为囚徒困境。

按照艾伯特·塔克的说法，囚徒困境的主要内容是两个共谋的犯人被抓进监狱，并且分别关押在不同的房间里，这个时候他们无法进行有效沟通。而警察也没有找到足够的犯罪证据，所以分别对两个犯人说：如果两人都对自己的犯罪事实抵赖，那么将会各判刑1年；如果两人都坦白自己的犯罪事实，每个人都会被判8年；如果两人中一个坦白而另一个始终抵赖，那么坦白的会被直接放出去，而抵赖的被判10年。

当这个信息传到犯人耳中时，两个人都面临着两种选择：坦白或者抵赖，与此同时，他们彼此之间都不清楚对方会采取什么样的态度，因此双方之间存在四种可能性的结果：第一，如果犯人A和犯人B都选择坦白，那么双方会被判8年；第二，如果犯人A选择坦白，犯人B选择抵赖，那么犯人A将会被释放，而犯人B会加重罪名而被判10年；第三，犯人A选择抵赖，而犯人

B选择坦白，此时犯人A要坐10年牢，而犯人B将会被立即释放；第四，犯人A与犯人B都选择抵赖，法院由于证据不足，只能判处两人各1年刑期。

通过分析，两个人实际上都意识到了一点，坦白才是更好的选择，因为谁也不知道对方是否会采取认罪的态度。首先，如果同伙选择抵赖，而自己坦白的话，那么自己会被直接放出去，而自己也抵赖的话会判1年，因此坦白比不坦白好；其次，如果同伙选择坦白，而自己也坦白的话虽然被判8年，但是比起自己因为抵赖而被判10年，选择坦白无疑更加合理。

经济学家亚当·斯密就提出了"理性经济人"的概念，在他看来，每一个人都是从自身利益最大化的角度来做出判断和选择，按照他的说法，两个犯人虽然拥有各种各样的策略，但是为了尽量保障自己的利益，他们在做某个决策时会尽量确保这个决策比其他决策带来更高的收益，即保证自己的刑期最短。这是理性思考的一部分，而这种理性思考就会让犯人采取主动坦白的姿态。

既然双方都倾向于坦白，那么最终的结果有很大的可能就是双方各被判刑8年。这个结果对于双方来说是最好的结果吗？显然不是，因为如果双方能够选择一起抵赖，那么两个人实际上只需要坐1年牢，这才是对双方更有利的结果，这个结果可以称为帕累托最优。

帕累托最优是资源分配的一种理想状态，通常人们对它的定义是这样的：假定固有的一群人和可分配的资源，从一种分配状态到另一种状态的变化中，在没有使任何人境况变坏的前提下，使得至少一个人变得更好。简单来说，就是资源优化配置，以最小的成本和代价来获得最大的收益，最初作为一个经济学概念，这个最大的收益是指团队的，而非个人的。或者也可以换一种更为明确的说法：一个人的决策在没有使他人境况变坏的同时使自己的情况变得更好，那么这种状态就达到了资源配置的最优化。

从囚徒困境这个案例来看，帕累托最优方案的实现往往很困难，由于双方无法沟通，且担心对方对自己做出不利的选择，为保险起见，只好选择坦白。从某种意义上来说，这种坦白意味着对对方的背叛而非合作，因为人们更希望另一方能够采取抵赖的姿态，但另一方通常会坚定地选择坦白。

囚徒困境中的"困境"主要来源于信息不明确可能会带来的决策性失误，如果双方在进入监狱之前就约定都要矢口抵赖，那么最终的结果可能对彼此都有利，达到帕累托最优（有时候双方即便有了口头约定，一方也担心另一方为了私利而背叛自己，这个时候，困境仍旧无法得到解除。因此一方必须在做出决策前准确了解对方的想法和决策，比如有人暗中传递信号）。而在信息被隔绝的情况下，每个人往往只会做出对自己更有利的那个选择，因此双方都会做出理性的判断和选择，而这种理性的选择往往会产生坏结果，这就是第一节所谈到的问题。将这个问题进行转化，就是囚徒困境往往会影响帕累托最优的实现。

选择合作还是背叛，永远是生活的一个重要课题，如何将这个课题更好地解决往往很困难。有人提出多次重复囚徒困境，这样一来，参与决策的人就有机会去"惩罚"和"报复"前一回合不采取合作姿态的同伴，从而逼迫双方不断采取合作的姿态，最终有效保证双方的决策逐渐趋于帕累托最优。

不过，若是约定好重复的次数，那么情况可能会有所不同。这里可以以十局为例，按照正常的推论，犯人A第一次被犯人B背叛后，第二次他也会背叛自己的同伴作为回应。如果犯人B第一次就保持沉默，坚决不承认自己的罪行，那么双方可能会建立起互信关系，接下来犯人A也会对同伴的"合作"态度表示迎合，这样双方就会因为共同合作而达到帕累托最优。在这里，保持沉默的态度是为了让对方在下一局也能做出同样的回应。

接下来的第三局、第四局可能都是如此，那么双方会一直都采取这种合作态度吗？情况可能并非如此，由于约定了重复的囚徒困境为十局，那么在第十局其中一方可能会采取背叛的姿态，因为这是他最后的机会来逃脱坐牢的命运了（假设对方采取抵赖的策略，而自己采取坦白的策略，那么自己就可以免于坐牢）。

对于犯人A和犯人B来说，他们都会猜测对方可能背叛自己，因此根据第十局的结果往前推，第九局时保持沉默与合作的态度已经毫无意义，因为在第九局的沉默原本就是为对方第十局做出沉默的策略作铺垫的，既然双方在第十局会采取背叛策略，那么两人在第九局就没有必要保持沉默。以此类推，第八局双方也会背叛对方，第七局同样会背叛对方，这样一来，直到第一局，双方都会采取相互背叛的策略。也就是说，在重复十局的囚徒困境中，每一局双方都会以相互背叛的方式继续下去。

可以说，想要通过重复囚徒困境的方式来打破相互背叛的僵局，实现帕累托最优，那么有一个前提条件就是不要给出具体的重复次数，因为一旦出现了次数上的限制，那就意味着每一个人都有机会通过背叛的方式来实现"不用坐牢"的目的。

纳什均衡：利己主义者的优先策略

在囚徒困境中，"理性的犯人"为了确保自身的利益得到保障，会优先选择坦白策略，而一旦双方都选择坦白策略，那么这个策略组合会成为一个相对稳定的状态。原因很简单，无论是犯人A还是犯人B都缺乏勇气进行调整，此时任何一方如果改变策略（改口选择抵赖），那就意味着自己将会置身于更加不利的局面（从8年牢狱之灾变成10年），因为没有人敢打包票说对方也会跟着自己选择抵赖，对双方来说，目前这种状态是非常稳定的，并没有改变和调整的必要。

而在囚徒困境的其他几个策略组合中就不存在这个问题，比如当两个犯人都采取抵赖的策略时，这个策略组合其实是不稳定的，因为其中一方完全可以通过坦白的方式让自己获得更多的好处。而当一个犯人抵赖，一个犯人坦白时，整个局面本身就是失衡的，其中一方必定会希望做出调整，这种调整会让局面变得更好。

无论如何，当双方都选择背叛对方的时候，这种状态对双方似乎都是有利的，而这种相对均衡的状态就是纳什均衡。所谓纳什均衡是指参与者形成了一种策略组合，在这个策略组合当中，任何参与者如果试图单独改变自己的策略都不会得到好处。换句话说，在制定某个策略后，双方都不愿意做出调整。如果在一个策略组合上，一旦所有其他人都决定不改变自己的策略时，就没有人会改变自己的策略，此时，这个策略组合就是一个纳什均衡。纳什均衡是约翰·福布斯·纳什提出来的，他于1950年发表了《非合作博弈》的论文，之后又在《N人博弈中的均衡点》（1950）和《非合作博弈》（1951）这两篇博士论文中进一步阐述了非合作博弈的论点，并渐渐形成了明确的理论。

听起来或许非常复杂，但是纳什均衡可以用一些非常生活化的例子来进行解释。比如一对兄弟一起外出打猎，他们可以有多种打猎的方式，首先两个人可以选择打300斤的野猪，只不过需要双方进行合作。其次，他们可以选择抓兔子，兔子的总重量为200斤，双方合作的话可以获得200斤的兔子肉，即便分开行动，每个人也能获得100斤的兔子肉。

在这个时候，双方可能会存在这样的组合策略：

第一种，兄弟二人选择合作猎杀野猪，每人获得150斤肉。

第二种，兄长更倾向于猎杀野猪，他觉得自己有能力单独完成猎杀任务。而弟弟觉得猎杀野猪太冒险，还是抓兔子比较安全，因此选择抓兔子，此时兄长的收获为0，而弟弟会获得100斤兔肉。

第三种，弟弟更倾向于猎杀野猪，他觉得自己有能力单独完成猎杀任务。而兄长觉得猎杀野猪太冒险，还是抓兔子比较安全，因此选择抓兔子，此时兄长的收获为100斤兔肉，而弟弟的收获为0。

第四种，兄弟二人都准备抓兔子，这个时候双方分别可以获得100斤兔肉。

在这些策略组合中，就存在两个纳什均衡，即第一种策略组合和第四种策略组合，在这两个策略组合中，如果一方突然做出改变，那么就会失去原有的好处。比如在第一种策略组合中，如果弟弟选择放弃猎杀野猪，而去捕捉兔子，那么收益就会从原先的150斤肉（野猪肉）变成100斤肉（兔肉）。在第四种策略组合中也是一样，如果兄长突然决定猎杀野猪，那么他的收益将会从原先的100斤兔肉，直接降为0。

前面提到了亚当·斯密的"理性经济人"概念和理论，按照这一理论，在市场经济条件下，人们都会从利己的角度出发，并最终在整体上形成利他的效果（如果每个人都保持理性，整体就会达到一个相对满意的状态，即整体福利的提升），而纳什均衡虽然是由个人的理性行为引起的，但是它却指出了理性经济人理论的悖论，那就是当人们试图从利己的角度出发时，结果可能是损人不利己，这样对双方都没有任何好处。或者可以说"纳什均衡"本身可能就不是一个"理性"的状态。

这一点在"囚徒困境"中表现得非常明显，在囚徒困境中，纳什均衡只有一个，那就是双方都选择背叛对方而积极坦白罪行，这是唯一稳定的策略。但是这个纳什均衡并不是最优的结果，因为只有当双方都采取抵赖措施时，才会达到帕累托最优。

某种意义上来说，纳什均衡并非最优或者最理性的，但却是在面对不可控的状况时（信息不明确），自己所能获得的最好选择，可以说，纳什均衡寻求的是个人的最优解，对个人而言，这是一种稳定的均衡。

纳什均衡理论的出现直接促进了博弈理论的产生，可以说它奠定了现代主流博弈理论和经济理论的根本基础，经济学家克雷普斯在《博弈论和经济建模》一书的引言中这样说道："在过去的一二十年内，经济学在方法论以及语言、概念等方面，经历了一场温和的革命，非合作博弈理论已经成为范式的中心……在经济学或者与经济学原理相关的金融、会计、营销和政治科学等学科中，现在人们已经很难找到不懂纳什均衡能够'消费'近期文献的领域。"

事实上，在学术界，人们认为博弈论萌芽于20世纪20年代，而创立的标志则是冯·诺依曼和奥·摩根斯坦在1944年出版的《博弈论与经济行为》这部著作，这两个人大致提出了博弈论的基本概念、二人零和博弈以及合作博弈等内容。

不过由于纳什均衡是一种非合作博弈状态，而这种非合作博弈理论是目前博弈理论中应用最广泛的理论，因此许多人认为纳什均衡理论的提出才为博弈论的发展开辟了更为广阔的道路，其中的均衡理念成为了博弈论的基本概念。可以说，在整个博弈论的发展历程中，纳什均衡都是一个重要的组成部分，它对博弈论的完善和发展起到了非常重要的作用。

经典博弈论和行为博弈论

博弈论在发展过程中，经历了一些重要的变化，最常见的就是从经典博弈论发展成为行为博弈论，这种发展表明了博弈论的不断完善，不断贴近现实生活。

经典博弈论假设参与人是理性且完全关注自身利益的，因此他们的行为模式更多地停留在个人利益的基础上。它与信息经济学一样，都是以"理性人"为理论基础的，通过一个个精美的数学模型搭建起公理化的完美自洽的理论体系。在他们看来，理性人拥有一些典型的行为特征：会追求个人利益的最大化，不会信任其他人。

但心理学和行为科学的研究发现，人们常常会表现出很多与此假设相悖的奇特行为。比如在一个团队内部，领导者会依据每个人的工作能力、贡献以及与自己的亲疏关系来进行利益分配，按照经典博弈论的说法，团队内部的每个人都是理性人，都会为自己的利益而努力，但是一些人会有公平心理，认为团队内部应该进行更平等的分配，因此会主动为那些利益受损的弱势者积极发声。

心理学和行为经济学的研究结果表明，人们在做出经济决策时会受到思考成本（人类认知能力有着心理的临界极限）、激动和经验等心理因素的影响，从而存在系统的推理误差，这些误差会影响人们的判断。行为博弈学家认为现行的社会、制度、经济和生活环境都会影响人与人之间的信任，因此个人的社会偏好应该纳入到博弈论之中。

为了验证这一点，心理学家和行为经济学家特意做了一个实验。

他们招募了一批博弈者，然后将他们安置在计算机实验室中，参与实验的人每人可以获得10元的出场费，每两个人分成一组，彼此都不认识也不会见面，只是通过计算机建立联系。小组中的成员A可以将任意数额的钱（0~10元）借给成员B，而不管A付出多少，B都会收到3倍的金额。比如说A愿意借出5元，那么B将会获得5×3＋10＝25元的支付。接下来B需要决定是否还钱给A以及应该还多少。

反过来说，B愿意借钱给A的话，A也同样会收到3倍的金额。按照传统博弈论，如果双方进行一次性的博弈，那么A和B都不会借钱给对方，因此双方的收益只有10元。但是经过实验，行为学家发现一半的博弈者会借给对方钱，而其中四分之三的人会顺利收到对方的还款。其中，如果一个人从另外一个人手中借到的钱越多，那么还钱也会越多。

这个实验佐证了心理学家和行为学家的理论，即人们并非都是自私自利的，作为一种高度社会化的动物，人们更加懂得如何维持好人际关系，因此会关注和分析对方的情绪和反应，并以此作为制定策略的重要依据。有时候这种自动的社会化反应机制产生作用时，人们甚至都无法意识到，但它还是会发生作用。

行为博弈论的观点更加符合"社会人"的设定，即每个人都是社会中的一分子，而整个社会是一个大群体，社会中的每一个人无论是合作还是竞争都是相互联系、相互影响的，这种联系就决定了每个人都不可能安全按照自己的意志行事，不能够自私自利地活在自己的主张中。有时候在做出决定或者表现出某种行为时，需要看一看他人的反应，需要适当为别人着想，并根据他人的反应或者他人有可能出现的反应修改自己的行为。可以说，在行为博弈过程中，参与者不仅受制于自身主观预期和行为，也容易受制于其他类型参与者行为的影响。这种博弈模式实际上就类似于一个动态的相互反射且不断发展的过程，一方的行为会对其他人产生影响，而其他人的行为也会对个人行为产生影响，整个过程充满了各种不确定性因素。

实际上，行为博弈论是行为经济学的一个重要分支，而行为经济学是经济学方法中的一种，它提出并引用了弱化理性假设的理论。这种弱化理性的假设通常源于社会法则和道德约束，就像前面提到的借钱一样，将钱借给别人的人需要承担很大的风险，因为对方不一定会还（考虑到如今出现的民间非法融资和民间借贷风险），而坚持借钱的做法无疑是出于一种信任，即借出钱的人坚信对方会还钱给自己，而且会对自己的善举充满感激。或者说借出钱的人坚信对方会保留做人最基本的道德准则，会受到良心的约束而还钱。

行为博弈论和公平、对公平的偏好有关，那么有关公平的偏好从何而来？行为学家提出了一种比较流行的观点：人类的祖先在进化过程中，大脑机制中形成了一种适应，使得人们受到外力摆布时产生愤怒的情绪，这一点在认知和情绪系统的互动中也可能会出现。在当时小范围的生活环境中，人们意识到愤怒具有一定的生存价值，可以带来公平。另一种说法是人们会根据血缘关系的亲疏或者和陌生人进行交易时的亲和程度，产生不同标准的公平，而且不同文化也会产生不同的标准，并将这些标准沿袭下来。

无论如何，人们对于公平的偏好决定了博弈策略的改变，也使得人们免于在追求个人利益最大化的同时陷入集体利益最小化的尴尬局面，而这正是博弈达到均衡状态的最大障碍。

了解博弈的类型，
才能更好地了解博弈的结构

    作为一种心理战术，博弈的形式多种多样，而不同形式的博弈往往会产生不同的博弈效果，也会对个人的生活产生不同的影响。那么博弈通常是怎样进行划分的呢？

    博弈从结果上来说可以分为负和博弈、零和博弈、正和博弈三种基本类型，这也是人们最常接触的划分方式，或者说是一种最常规的划分方式。

    负和博弈是指双方在博弈中由于存在不可协调的冲突和矛盾，或者双方没有达成统一，以至于彼此互不相让，这个时候双方的策略只会给自己带来损失，这种损失比各自的策略带来的利益更多，从而造成两败俱伤的局面。简单来说，这一博弈策略就是"损人不利己"。

    零和博弈指参与博弈的各方，在严格的竞争条件下，一方获得收益的同时必然意味着另一方遭受损失，博弈各方的收益和损失相加总和永远为零，并且双方不存在合作的可能。零和博弈可以看成是个人的收益建立在他人的损失基础上，个人的幸福建立在他人的不幸基础上，它的策略就是"利己损人"。

    正和博弈（合作博弈）是指博弈双方的利益都有所增加，或者至少是一方的利益增加，而另一方的利益不受损害，但利益从整体上来说得到了增加。这是一个"利人利己"的双赢局面或者至少是"利己不损人"的策略。

想要了解这三种博弈的概念以及彼此之间的区别，可以以夫妻一同看电视为例子：一对夫妻在看电视，可是丈夫喜欢看体育频道，妻子却喜欢看肥皂剧，在电视只有一个的情况下，丈夫看体育频道就意味着妻子的喜好无法得到满足，反过来说，一旦妻子看上了肥皂剧，丈夫就不得不做出牺牲。假设当丈夫当晚如愿看到体育频道时，获得的满足为1，如果当晚不能看到自己喜欢的体育频道，得分为–1；妻子当晚如愿收看肥皂剧时获得的满足为1，反之为–1。

如果丈夫和妻子约定当晚只有一人可以观看电视，另一方要么陪着看电视，要么看书。双方可以剪刀石头布的方式决定谁看电视，无论结果出来怎么样，有一个人必然会得到满足，分数为1，另一个人则感到失落，得分为–1，这时候双方的满足感之和为0，而双方的博弈就是零和博弈。

如果丈夫和妻子当晚因为争夺遥控器而发生了争吵，以至于两个人互不相让，丈夫夺走了遥控器，而妻子干脆将电视上的电线插头拔掉，这个时候两个人谁也看不成电视，双方通过电视获得的满足为–2。或者两个人因为斗气将电视切换到动物世界频道上，由于它和体育频道、肥皂剧都无关，因此两个人的满足也为–2。这种两败俱伤的局面就是负和博弈。

如果丈夫和妻子都是非常包容的人，他们都表示当天晚上会将观看电视的机会让给对方，由于都不忍心冷落对方，双方约定轮流观看电视，丈夫先看30分钟的体育频道，然后电视频道切换到肥皂剧上，妻子观看30分钟，之后再次切换。这样一来，双方都可以观看到自己喜欢的电视节目，那么双方当晚都可以获得满足。这个时候，双方的博弈就属于正和博弈。

企业与企业之间做生意的时候也常常会出现这样三种博弈方式，当企业之间因为竞争关系和利益分配问题产生纠纷，如果双方都不打算妥协和让步，那么关系可能越闹越僵，最后双方决定扩大竞争，完全变成相互攻击的对手，这样就可能会导致双方在竞争中两败俱伤。这时候，双方的博弈是负和博弈。

当企业之间保持正常的交往策略，双方约定了一些公平的竞争方法，可是为了获得私利，其中一方使用计谋给对方设置了陷阱，结果导致对方损失了一大笔钱，这个时候挣钱的一方所挣的钱，刚好是另一方损失的钱，双方的博弈关系就是零和博弈。

如果两家企业都具备战略目光，意识到双方继续保持竞争的态势，或者继续保持单独作战的理念，恐怕会在市场上失去竞争力，最好的方法就是双方进行合作，通过合作来提升各自的竞争力，这样一来，双方的策略就促成了正和博弈。

除了划分为负和博弈、零和博弈、正和博弈之外，还可以将其划分为静态博弈和动态博弈，完全信息博弈和不完全信息博弈。静态博弈一般是指同时决策或者同时行动的博弈，有时候博弈双方会采取先后行动，但是彼此都不了解对方的决策，这也是静态博弈。而决策或行动有先后顺序之分，且后者可以观察前者的行动并做出相应的选择，这种博弈模式称为动态博弈。

完全信息博弈是指每一位参与者都拥有所有其他参与者的特征、策略及得益函数等方面的准确信息的博弈。不完全信息博弈是指参与者对对手的了解不够精确，也没有掌握确切的信息。

这些不同的博弈可以形成四种常见的博弈类型，即不完全信息静态博弈、不完全信息动态博弈、完全信息静态博弈、完全信息动态博弈。

不完全信息静态博弈是指至少某一个局中人不完全了解另一个局中人的特征，即不知道某一参与者的真实类型，但是知道每一种类型出现的概率。

不完全信息动态博弈是指在动态博弈中，行动有先后次序，在不完全信息条件下，参与者知道其他参与者有哪几种类型以及各种类型出现的概率，但是并不知道其他参与者具体属于哪一种类型。不过，后行动者可以通过观察先行动者的行为来获得有关先行动者的信息，以便证实或修正自己采取的行动。

完全信息静态博弈是指参与者同时选择行动，或行动有先后但后行者并不知道先行者采取了什么具体行动；与此同时，每个参与者对其他所有参与者的特征、策略空间及支付函数有准确的认识。

完全信息动态博弈参与者的行动有先后顺序，后行者能够观察到先行者所选择的行动；且每个参与者对其他所有参与者的特征、策略空间及支付函数有准确的认识。

这四种博弈中谈到了一个很重要的因素，那就是信息，无论是哪一种博弈，决定其最终结果的可能就是信息，信息量的多少往往会对博弈双方产生重要的影响。

博弈有时是一场控制与反控制的游戏

　　许多人对博弈并不了解，甚至会出现诸多的误解，认为博弈就是一种利益获取的工具，它具有自私的特性，但真正的博弈具有更高维度的思想和境界。事实上，获取利益的方式可以有很多种，人们也可以表现得更加直接、更加粗鲁、更加自私自利，可是这些方法都不像博弈一样具有更深的内涵，尽管博弈过程中也存在争斗，存在利益的划分，也存在压制他人的欲望，但总体上来说，博弈不过是一场和谐的游戏。

　　而想要了解博弈的本质，完全可以从生活中的一些小例子进行分析：

　　罗小姐希望闺密可以在明天（周末）早上6点开车送她去车站，她可以直接向闺密提出这个请求："明天早上5点，你可以送我去车站吗？我要去那儿办点事。"

　　闺密在听到这个请求后，会有什么样的反应呢？也许她会感到为难，毕竟从罗小姐家中到车站要花费1个多小时，而从自己家到罗小姐家中还要30分钟，这样差不多要花费2个小时，往返一趟将要花费4个小时，这样的苦差事的确很折磨人。面对这样一道难题，闺密或许会直接找一个借口拒绝："对不起，明天早上我要早点去老家，所以不能送你去车站了。"

　　罗小姐如果是一个聪明人，那么从一开始就不能表现得太过于理所当然，为了说服闺密，她需要表现得更加委婉一些，态度应该更加诚恳一些，需要将自己的难处表现出来。正因为如此，她或许可以这样说："明天早上5点，你有空的话，可以送我去车站吗？我知道这很为难，天那么早还那么冷，但除了找你我实在想不到更好的办法了，如果不能准时到达，老板估计又会找我麻烦了。"

这是一出比较出色的苦肉计，低姿态加上示弱，往往更容易引起对方的同情，闺密面对这样的请求很难无动于衷，尽管她还是会觉得为难，可是罗小姐的攻心战术已经在慢慢起作用了。

罗小姐同样也可以运用其他的方法来提出请求，如果她愿意表现得更隐蔽一些，那么一开始就不要试图去要求对方替自己做什么，而应当设法引导对方做出积极的回应。因此，罗小姐完全可以这样开始自己的谈话："明天就是周末，你有什么安排吗？"

"没有啊，我这样的闲人还能有什么安排。"

"那你能不能送我去车站？我有点事要出差。"

"这个啊，嗯，好吧，我想自己应该也没什么事，你什么时候去车站。"

"早上7点，这有点早，而且天气还那么冷，我真的是不好意思向你开口。"

"7点的确有点早，但也没什么，我会准时送你过去的。"

"哦，不是，我希望你早上5点就送我过去。"

"5点？你不是说7点出门吗？怎么还要那么早呢？"

"原本是7点出门也没事，但问题在于我还要在前往车站的中途给一位客户送一份文件，这个客户准备坐6点的飞机离开这儿，因此我必须在他上飞机之前将东西送过去。"

"是这样啊，那……那……那么好吧，既然都已经答应你了，我会早点赶过来接你。"

在这里，罗小姐两次都改变了策略，第一次，她没有直接说明自己要做什么，她的问题并不具备"进攻性"（希望对方怎么样，或者要求对方怎么样），闺密无法感知到罗小姐想要干什么，因此也就实话实说，这样就为罗小姐的请求奠定了基础。第二次改变策略是，罗小姐根本没有明说要5点钟起床，而是说自己7点要去车站，这使得她轻易赢得了闺密的承诺，而正是因为这个承诺才让一件为难的事情顺利得到解决。

在这三种对话模式中，第一种最为直白，但是效果可能最差；第二种比较内敛，容易引发对方的同情，说服的效果往往不错；第三种模式最为聪明，罗小姐变成了一位非常出色的操纵者，她提出了一个封闭式的问题"明天有什么安排"，而不是开放式的问题"明天有空送我去车站吗"，而且她在提出问题之前就已经设定好了对方的回答以及自己应该做出的回应，因此可以轻松掌控对方的思维与心理。

在生活中，利用这一类心理战术，人们通常可以轻松控制他人的大脑，而这种控制正是博弈的一个精髓。它和心机、腹黑等并不一样，心机和腹黑的人往往利益倾向性非常明显，习惯了通过牺牲他人的利益来满足自己，而信息限制带来的大脑控制更多时候只是一种温和的策略，尽管被控制的人可能会陷入一个尴尬的处境，并且容易产生一些不愉快的体验，操纵者刻意隐藏和混乱了信息，导致被控制的人产生了错误的判断，有时候甚至连他们也不清楚自己是如何被绕进去的，但博弈最终的目的是尽可能达到一种均衡。

罗小姐虽然赢得了闺密的承诺，但是她不能像没事发生一样，为了确保自己的行为不会影响到彼此的感情，她需要给予闺密一些回报："真是不好意思了，这样吧，下次我请你吃饭。"无论对方接受与否，这样的"回馈"或多或少都会缓和略显尴尬的关系。

不过，事情有时候也会发展到另一面，那就是闺密对罗小姐的反控制，反控制通常源于对压迫性的反抗，比如闺密对罗小姐弯弯绕绕的请求不太舒服，或者她确实觉得在早上5点起床（而且还是大冷天）不太方便，她更希望推掉这个麻烦，但是为了不伤害感情（这也是达到平衡的需求），她需要尽快了解对方的动机，并做出反制措施。

第一种模式：

罗小姐："明天就是周末，你有什么安排吗？"

闺密："你不会又想着出去旅游了吧？你可真是舒坦，我就没有这样的好命。"

罗小姐："怎么了？你还要加班？或者还有什么重要的事情要做？"

闺密："是啊，整个周末都要泡汤了。"

罗小姐："这样啊，我原本还想着让你明天早上开车送我去车站，我有点事。"

闺密："哦，那我恐怕是爱莫能助了。"

在这个模式中，当罗小姐提出问题后，闺密开始保持警觉，意识到对方可能有求于自己，或者双方会有什么活动，在不清楚对方的动机时，她先卖一个关子让自己占据主动位置，这样就可以从容应对对方的出招了。

第二种模式：

罗小姐："明天就是周末，你有什么安排吗？"

闺密："没有啊，我这样的人，现在还能有什么安排。"

罗小姐："那你能不能送我去车站，我有点事要出差。"

闺密："这个啊，嗯，没问题，你什么时候去车站？我看看能不能安排好时间。"

罗小姐："怎么了，你还有其他事吗？"

闺密："也没什么大事，明天是周末，我让水管修理工来家里帮忙修管道，因为下周我要出差，那时候就没时间处理这些事了。"

罗小姐："那个修理工什么时候来，他可不可以晚点过去？"

闺密："这个不好说，没准很早。"

罗小姐："这样啊，我是早上5点的车，路上来回要几个小时，不知道时间上来不来得及。"

闺密："这个就不好说了，你晚点去要紧吗？要不然我晚点送你去？"

罗小姐："哦，那我还是再问问别人吧！"

在第二个模式中，闺密虽然没有在第一时间意识到罗小姐的想法，但是却在答应对方的时候留了余地，并直接打乱了罗小姐原有的计划，这样在双方交流的过程中，闺密始终没有被罗小姐带入她的节奏中，并最终巧妙地拒绝了对方的请求。在这个反制措施中，双方依然没有产生任何摩擦，彼此之间保持了一个相对和谐的、平衡的局面，因此可以说让整个博弈非常成功和精彩。

生活中常常会出现这一类让人感到为难，不好意思提出请求而且又不好意思拒绝的事情。在面对这一类事情时，请求者担心对方会拒绝，而被请求的一方又担心自己会增加不必要的麻烦，因此彼此都会小心翼翼地试探对方，避免弄巧成拙。

本书所谈论的话题非常广泛，但是将所有的内容归结起来，本质上就是"控制"与"反控制"，无论是爱情、婚姻、职场、商界竞争、军事，还是日常的人际交往，都体现出了这两种元素。也就是说，人们在日常生活中，只要与人发生联系，与人进行接触，或多或少都存在大脑被入侵以及抵抗入侵的情况，而无论是入侵下的控制还是反控制，都是为了创造一种平衡的状态。从这一角度来看，博弈实际上是为了让人们更加精细地活着，是为了让人们更加精细地梳理生活，梳理人际关系，而这也是本书的一个宗旨，即博弈不是钩心斗角的工具，不是尔虞我诈的方法，而是打造美好生活所需要的一个新概念。

第二章

生活中那些令人感到匪夷所思的博弈现象

个人想要在群体中保持决策的合理性与有效性，那么从一开始就要克制自己盲目行动的欲望，凡事先进行理性分析和思考，这样就可以更好地规避群体思维下的陷阱。

哈丁公用地悲剧

加勒特·哈丁于1968年在《科学》杂志上发表了一篇文章《公用地悲剧》，并且在文章里提出了一个著名的论断：公共资源的自由使用会毁灭所有的公共资源。

在文章里，哈丁设想故事发生在古老的英国村庄里，当时村庄里留有一片可供牧民自由放牧的公用地，当牧民的牲畜数量超过草地的承受能力时，过度放牧会直接导致草地退化和消失，这个时候每个人的利益都会受到损害，但是牧民还是迫不及待地增加牛羊的数量，而这个时候牲畜会因为得不到足够的草料而更少地产奶，影响牧民的经济收益，可即便如此，大家还是想尽办法增加牛羊的数量，直到最后草地彻底被破坏和消耗掉。

这就是著名的公用地悲剧，而产生这一悲剧的原因在于每个人都会肆无忌惮地追求自己的利益，即便当这些利益达到临界点时也毫不犹豫，因为对他们来说，每增加一头牛羊，自己会增加一头牛羊的收益，而此时草料不足造成的产奶量下降则使得群体的利益下降，平摊到自己身上几乎微乎其微。简单来说，他们计算的仅仅是增加一头牛羊时收益仍旧会高于自己付出的成本。

假设这一片草地只能承受500头牛，因此在牛达到500头时，牛与草地之间的平衡达到了最佳状态，此后多增加一头就意味着草地不够用，而每头牛的产奶量都会下降（不能达到最佳的产奶标准）。但是对于每一个增加牛的数量的牧民来说，增加一头牛的收益是自己一个人的，产奶量下降造成的收益下降则是平均分配的，增加一头牛带来的收益足以弥补所有牛产奶量下降造成的损失。

当人们意识到收益大于损失的时候，往往会盲目增加牛羊的数量，不仅如此，每一个牧民都会产生这样的想法，当牛羊的数量大大超出草地的承受力时，一定会有人意识到这个问题，为了维持草地的正常运转，或者不至于让所有的牛羊都挨饿而无法产奶，肯定有人会主动将部分牛羊赶出草地，但是这个人不是自己，也不愿意是自己，毕竟牺牲的利益比分摊的成本大多了。正因为每个人都寄希望于他人，结果导致最后没有任何牧民愿意减少牛羊的数量。

每一个牧民都是追求个体利益的理性人，而在追求个人利益最大化的同时，他们往往不惜损害公共利益，当然，最终的结局很可能也是损害自己，因为随着牧民无限制地增加牛羊的数量，整个草地上的生态系统会彻底崩塌，比如当牛的数量突破1000头甚至是1500头时，可能每一头牛都会吃不饱，甚至活活被饿死。或者由于草地被吃空后，大家被迫让牛羊离开草地。无论是哪一种方式，每一个牧民都会付出惨痛的代价。

对公用资源的使用往往难以达到一个有效的状态，因为对每一个人来说维持这个公用资源有效利用的成本太高（一旦别人超额使用，维持平衡就意味着自己要减少使用量），在这种情况下，维持工作就会失去意义。哈丁的这个公用地悲剧理论实际上就是一个多人参与的囚徒困境，每个人都在认定"单方面的不合作能够给自己带来更多的利益"，在这里稳定的合作是不存在的，最终的均衡也处于低水平。

哈丁公用地悲剧在生活中几乎随处可见，公共能源消耗大都存在这个问题，包括煤炭资源的消耗、石油资源的消耗、土地资源的消耗、水资源的消耗，企业或者个人会因为自身利益的最大化而肆无忌惮地消耗那些公共资源，对所有消耗能源的个体来说，增加的消耗量会为自己创造更多的价值，而由此产生的危害和损失则会被大家平摊，这是推动他们进一步实施毁灭性行动的前提。

同样的问题在环境污染方面也存在，许多企业和个人都会将污染物质乱排乱放，对他们来说安装相关的减排设备或者环保设备会增加个人成本。为了确保利益最大化，他们会不断扩大生产，不断污染土地、水源和空气，对他们而言，任何一次污染的增加都会被大家平摊掉，但是获得的利益却是自己独享的。

哈丁公用地悲剧的最后就是所有牧场的草被吃干净，而牛羊都会被饿死，这种悲剧在能源过度开发和环境污染方面同样会发生，能源逐渐消耗殆尽，导致所有的工厂都会失去赖以生存的能源。而随着环境污染不断加剧，人们面临的环境越来越糟糕，生存环境也越来越恶劣。公共资源的自由使用一旦不能得到强有效的控制，就会导致所有公共资源毁灭。

而防止公用地悲剧的方法主要有两种：一是在制度上对所有人的行为进行规范，确保每一个人都可以按照规则行事。制度上的规范主要在于打造一个中心化的权力机构，这个权力机构能够使用权力来约束和制止所有人的不当行为。该机构必须规定好每一个人的职责，做好资源分配，对于一些破坏和浪费公用资源的行为要给予严厉的惩罚。

对于牧民来说，需要成立一个由大家选举出来的权力机构或者有声望的负责人来管理牧场，然后该机构或者个人必须严格约束每一个牧民的行为，必须明确规定每一个牧民的牛羊数量。对于那些能源消耗与环境污染的企业，政府部门应该进行严格的管理和协调，确保企业可以保持进入可控的合理的发展状态，将经济发展和环境保护有效结合起来。

二是在道德上约束每一个人，让人们意识到自己的个体行为可能会给集体利益带来损害。这里强调的道德作用虽然不具备法律效力，但是对于个人素养的提升非常有帮助。如果说相关权力机构是用法律或者制度来约束、震慑人，那么道德则注重引导，它可以从本质上提升人们保护公共资源的意识，因为道德的教化和约束作用能够确保人们更注重个体的形象与社会责任感。

　　解决哈丁公用地悲剧的两种方法，其实都指向了目前社会发展的一种趋势，那就是可持续发展，无论是对企业来说，还是对个人而言，可持续发展都是一个良性的发展状态，可以保证人们更合理地支配身边的公共资源，可以让这些公共资源真正做到最大化的开发与利用。

华盛顿合作定律：三个和尚没水吃

　　随着社会的发展，合作成为了一种趋势。现如今各行各业都在追求合作，都在完善相应的合作机制，但是合作并不是简单地将两股或者两股以上不同力量联合在一起，不是简单地进行人力堆积和资源累加。合作必须注重统一性、同一性、互补性等原则，单纯地将两个不同的人或者资源放在一起并不是合作。

　　人与人之间的合作效果有时候取决于团队内部是否存在内耗现象，如果存在内耗，那么每个人发出的力量都会被其他人克制掉。这种内耗有时候是心态问题造成的，比如在中国流传着"一个和尚挑水吃，两个和尚抬水吃，三个和尚没水吃"的故事。那么，为什么一个和尚和两个和尚的时候，大家都会喝到"水"，而当第三个和尚出现时，大家都无法喝到水了呢？原因就在于责任推诿，当第三个人出现的时候，意味着至少有一个人会空闲，这个时候大家就会因谁应该挑水或者抬水，谁应该休息产生分歧，而最终的结果很可能就是谁也不愿意挑水或者抬水。

　　在博弈论中，三个和尚没水喝的故事就是华盛顿合作定律的一种体现，按照华盛顿合作定律的说法，当一个人做事的时候，可能会存在敷衍了事的行为，但是至少他还是能够完成这些工作，这是他的职责所在；当两个人做一件事的时候，责任会被分担，或者人们会出现相互推诿的情况，一方会寄希望于对方做事，同时希望对方承担责任；当三个人一起出现的时候，责任会被进一步分摊掉，这个时候任何一个人都会想"反正做事的人很多，我不做的话别人也会去做的"，结果大家最后都没有去做事。

在这里，所谓的聪明人有意无意都可能会充当旁观者的角色，他们更容易寄希望于别人身上，让别人帮助自己完成某件事，而自己只承担最小的成本或者风险。就像一个路人被车子撞翻在地的时候，周围有很多围观者，但是大家可能都不会选择上前帮忙解救，或者拨打急救电话，因为大家都会这样去想"路上的围观者很多，应该会有人打急救电话"，最终可能大家都没打电话。还有一种情况就是某个人受到了恶霸的欺负，这个时候许多人会围观上来，可是没有人动手阻止暴行的发生，因为所有人都觉得应该会有人站出来制止这种恶行，或者至少打电话报警，但现实可能并非如此。由于大家都习惯了充当旁观者，或者将自己定位成旁观者的角色，因此总是寄希望于其他人，最终导致恶行愈演愈烈。

有关责任分散的另一个经典案例是知名博弈论学者麦西克和路特的一个实验。他们拿出一个信封放在讲桌上，然后邀请在座的43个人往信封里塞钱，每个人都有权利选择塞钱或者一分不塞，但是实验设置了一个有趣的奖励，如果信封里塞进去的钱总数超过了250元，那么麦西克和路特将会亲自掏腰包给在座的43个人每人10元的奖励。如果不到250元，那么所有的钱都会被他们两个人没收。

这似乎是一个稳赚不赔的游戏，毕竟按照要求，每一个人只需要往信封里塞入5.82元即可，考虑到有的人可能会少付一些，塞钱的人完全可以多支付一些，比如支付7元或者8元，这样一来，在获得10元的奖励之后，每个人仍旧会赚钱。当然，为了确保游戏的公正性，麦西克和路特特意规定大家不准相互讨论，每个人只需要走到讲桌上偷偷将钱塞进信封即可。

实验开始之后，43个人都积极踊跃地加入到游戏中，他们已经准备好领走这笔10元的奖励，可是实验结果却让人大吃一惊，因为信封里的钱只有245.59元，比250元还差了一点点，自然，这笔钱被麦西克和路特据为己有。

参与实验的人对此感到非常失落和后悔，一方面他们认为只要有人多放一点钱进去，那么就可以凑齐250元；另一方面，他们也后悔自己没有多塞进去1元、2元，甚至一些人抱怨说："早知道这样，我宁可放进去16元，也比现在放进去8元打了水漂要好。"

可是，事后有人多次做了这样的实验，结果还是出现了钱数不到250元的尴尬状况。而之所以会这样，原因就在于每一个参与者可能都将希望寄托在其他人身上，试图自己少支付一点钱，而让其他人多支付一点钱。当所有的人都这样去想问题的时候，一些人可能分文不出，而钱自然就很难凑齐了。

责任分散或者责任寄托都会导致人出现懒惰的一面，这种懒惰很多时候并不为人所知。早在20世纪30年代，德国心理学家森格尔曼曾在拔河中做过一个实验，他先后安排不同数量的人进行拔河，发现人数越少的时候，平均出力越大，而参与人数增加时，每个人的出力会不断减少。森格尔曼发现当双方都是一个人拔河时，每个人出力约为617牛顿（力量单位）；当双方增加到3个人一组时，每个人出力变成了524牛顿；当人数增加到8个人一组时，每个人出力降到了可怜的304牛顿，可以说当人数增加到8个人时，每个人出力甚至不到个人拔河时的一半。

根据这个实验，森格尔曼证实了一点：在群体工作中，个人的努力会下降，责任感会降低，群体中的成员每人所付出的努力，会比个体在单独情况下完成任务时明显减少，效率也会降低很多，这就是所谓的社会惰化作用，而社会惰化作用直接产生了华盛顿合作定律。

从团队合作的角度来说，华盛顿合作定律的关键在于合作带来的责任分散效应，因此打破这个定律的关键在于强化个人的责任感，而强化责任就需要做到权责明晰，需要明确所有人的分工，落实每一个成员的工作以及责任。比如A应该做什么，应该承担什么责任，承担责任的范畴是什么；B应该做什么，应该承担什么责任，承担责任的范畴是什么；C应该做什么，应该承担什么责任，承担责任的范畴是什么。明确的分工，可以有效降低旁观者效应。

在一个团队中，管理者要依据每一个人身上的特点制定明确的分工，并积极推进流程管理模式，这样一来每个人都可以清晰地知道自己要做的事情以及承担的责任。不仅如此，管理者应该制定完善的考核制度，每一个人都要进行单独考核，对个人具体的业绩和贡献值进行评估，然后对每一个违背责任的当事人做出严厉处罚。除了处罚之外，管理者还要采取适当的激励措施，包括工资、福利、奖金以及职位晋升等的激励。此外精神上的激励也非常重要，比如管理者可以进行目标管理，通过制定可实现的有具体量化标准的目标，能够督促每一个执行者为自己的目标而努力。或者也可以提供更好的平台帮助执行者实现自我价值。

需要注意的是，在很多时候，团队发生内耗和沟通不畅有关，由于不注重沟通或者沟通出现脱节，导致有的人在做事，而有的人选择不做，或者选择做其他事，这样就会在方向上产生差异甚至对立，并且制造出责任分散的局面。

人们会花更多钱买一张低面值的钱吗?

钱是生活中最不可或缺的东西之一，有了钱，人们就可以购买各种想要获得的东西，可以满足各种各样的需求，从最简单的食物、穿衣、住宿、出行，再到阅读、游戏、社交等活动，都离不开钱。可以说钱已经渗透到生活的方方面面，也成为了维系和推动整个社会关系向前发展的重要因素。

不过，在使用钱的时候，人们都希望购买到"值钱"的东西，所谓的"值钱"即购买的商品价值等同或者高于手里的钱，这种交换往往是心理上的满足，即人们觉得这是值钱的。在现实生活中，很少有人会拿着钱去购买或者交换一些自己认为不值的东西，但有时候人们也会犯下错误，其中就包括花更多的钱购买一张低面值的钱币。

这样的事情似乎有些难以理解，人们甚至会觉得购买者一定是脑子坏掉了，但在充满博弈的现实世界中，这种情况很有可能出现。有人曾经拿出一张面值5元的纸币进行竞价拍卖，需要注意的是出价的人一旦给出的价格不如其他竞拍者，他将会失去这笔钱。拍卖开始后，这张钱的起价为0.1元（也许有人会担心拍卖的人会亏得血本无归，但拍卖的过程就是一个不断提价的过程），很快有人会将价格抬高到0.2元，然后很快就有人抬高到0.3元、0.5元、1元、2元、3元、4元、4.7元，甚至是4.9元。在这个过程中，人们的提价比较积极，而推动这种积极性的原因在于出价仍旧低于5元，这即意味着有利可图。但是当出价达到4.9元甚至是5元时，会发生一些奇怪的现象。

通常情况下人们会放弃抬价，或者说这个竞价活动应该停止了，毕竟当价格出到4.9元或者5元时，竞价的意义已经不大了，考虑到人们在竞价中尽可能追求更多的利益，这时候即便赢得了竞价，所获得的盈利基本上可以忽略不计了。所以按照常规思维来理解，人们往往会放弃竞投，但实际上并非如此。由于人们担心其他人会高于自己的出价，导致自己的钱打水漂，只能千方百计往上抬价。

当价格高于5元时，竞价各方都知道这是一场稳赔不赚的买卖时，却无法停止自己抬价，这个时候所有人都会这样去想，"当我将价钱抬到7元时，充其量只是损失了2元钱，而出价6.8元的人则会损失6.8元。反过来，一旦对方出价达到7元而自己出价只有6.8元时，那么自己会损失6.8元"。

在这个时候，由于所有人都卷入这场竞价式的"赌局"中，大家的竞价都不再以5元为标准，而以其他人的出价为标准。他们的目的只有一个，那就是超过对方的报价。而这种竞价模式最终会产生一个结果，那就是大家在竞价中的出价会高于"5元"。

其实在竞价的过程中，一开始很多人都会觉得自己的价码会是最后的价码，可是随着竞价过程的推进，局面会逐渐失控，因为其他竞争对手也会抱着同样的想法，这个时候竞价会脱离个人的期望。而在整个竞价过程中，参与者普遍存在两种情感，一种是明算经济账，即为了不让自己亏损更多，只能试图通过抬价来压过别人的价格。另一种是面子问题，当个人在竞价中不断受到他人的挑战（抬价）时，心理波动会很大，情绪也会受到影响，在这个博弈过程中，人的理性认知几乎消失了，反而充斥着盲目冲动和意气用事，他们会不断抬高价格，为的就是给竞争对手一点惩罚，或者说为了挽回面子。

整个博弈过程就像是一个陷阱，一旦人们参与其中就发现自己很有可能难以全身而退，他们会陷入恶性循环之中：期待着能够通过抬高价格来摆脱困境，却发现自己在困境中越陷越深，然后寄希望于进一步抬高价格脱离困境。从低于5元到等于5元，再到出价高于5元，每一个参与竞价的人都会感到越来越烦躁，并为自己的愚蠢行为而后悔，但是为了避免自己面临更大的损失，他们只能不断增加筹码将这个游戏继续下去，当然为之增加的成本和面临的风险都在不断增加。

每个人一开始都希望能够获得最大的利益，但是当所有人都这么去想的时候，大家都会感觉到骑虎难下。那么该如何解决这个问题或者脱离这种困境呢？及早退出是一个非常合理的决策，也是一个明智的选择，比如一开始当别人出价比自己高一点时，就要意识到这是一个一直循环下去的游戏，自己赢不起也输不起。或者人们可以选择观望，看看别人是如何参与竞价的，而当大家都乐此不疲地抬高价格时，就要清醒地认识到这个博弈游戏的本质而拒绝加入其中。但是多数人都做不到这一点，首先当出价还低于5元时，人们会在贪婪心理的作用下不断竞价，随着价钱不断升高甚至超过5元时，人们就会意识到自己已经骑虎难下了，一方面他们会意识到自己正在做亏本买卖，另一方面却要担心自己将会承受更大的损失。

另一种解决方案是竞价各方形成默契，当第一个人提出价格时，其他人不进行抬价，那么这张5元面值的钱将会以0.1元的价格成交，然后参与者会平分盈利。如果将整个竞价提高到1万元甚至是10万元，那么利润将会非常可观。但问题在于，举办竞价活动的人肯定会禁止这类事情发生，而且不同的参与者也很难进行沟通或者形成类似的默契。

这种骑虎难下的现象在生活中经常会出现，有人投资某项业务时，亏掉了一笔钱，接下来他肯定希望自己将亏掉的钱挣回来，于是继续追加投资，结果亏掉更多的钱。这个时候，他会陷入矛盾之中：究竟是继续追加投资，还是就此止损？

事实上，对于多数亏损的投资者来说，都会选择继续投资，而当亏损越来越多的时候，他们越是难以下定决心退出，毕竟投资的高额成本会让他们感到心有不甘，最后他们会发现自己投入的成本已经远远超出这项投资所能获得的最大回报。

因此，人们在面对这一类游戏的时候，应该保持理性，且应该拿出坚决的态度，当面临亏损时，不要总是想着能够在下一局赢得胜利，这样做可能只会让自己越陷越深。

租赁划算还是出售划算？

在生活中，很多人都发现了这样一个奇怪的现象，一些大型且贵重的商品往往打出"只租不卖"的广告，譬如一些大型机械设备、大型计算机都会存在这类广告，难道这些制造商不会想方设法出售这一类产品吗？按照正常的理解，这些产品的出售价格应该比租金贵好多，因此盈利也应该更大。

可事实真的如同人们所想的那样吗？首先可以对相关的租赁模式与出售模式进行对比和分析，一般来说，这些产品的租赁合同上都是注明分批次付款的，而出售这类产品的话，考虑到产品比较贵，一般也会采用分期付款的方式结账。所以想要弄清楚租赁是否划算，就要看看租赁的分批次付款是否比出售的分期付款更加挣钱。

一般而言，租赁市场都是溢价或者少数几家寡头企业垄断的，这些企业拥有一定的定价权和掌控市场的权力，而企业往往是以利益最大化为目的的，它们通常都希望将产品的定价定得更高一些。可是如果企业准备出售这些产品，那么就要面临扩大销量的问题（这也是增加营业额的方式），对于这些寡头企业来说，价格虽然可以定得高一些，但是销量却不是自己想要扩大就能扩大的。考虑到市场的反应，当企业试图扩大销量的时候，内部肯定会出现一些降价的声音，而降价也就意味着利润会受到影响。

这是一个两难的局面，而且降价会对消费者和客户产生影响，因为一旦价格下降，很多并不着急购买产品的用户就会保持观望的态度，看看价格是不是还会再降一些。一旦市场出现这样的反应，企业的产品销量反而会下降，此时企业不得以只好再一次宣布降价来刺激市场的消费欲望，但这种方法就像是饮鸩止渴一样，只会陷入一个"降价——用户观望，销量下降——再次降价"的恶性循环之中。

但是租赁产品不存在这样的问题，因为租赁一次性投入的钱比购买产品所花的钱更少一些，用户甚至不用支付高昂的维护费用，而这种相对优惠的条件使得用户的租赁动机更为强烈。企业可以适当将租赁的价格提高一些，而这种提高相对于购买价格来说还是非常低，因此不太可能引发对方的反感。

另外，租赁行为本身就需要一张租赁合同，上面清清楚楚地标注了双方的租赁细节以及产品的价格，想要修改这些合同往往需要大费周章，这种烦琐的流程就使得企业不太会轻易调整价格，自然也不太容易降价。用户对此自然也心知肚明，他们会意识到这些租赁价格本身就相对便宜的产品不太可能在短时间内降价，因此他们一旦有需求就会立即选择租赁而不会等着产品降价。通过这一系列巧妙的运作，企业可以出色地保持利润不受损害。

现如今出现的共享单车和共享汽车，本质上就是租赁和出售的问题，对于很多人来说，购买自行车或者汽车的钱远远要比租车花的钱多，而且租车后基本上不用对车子的维修费用和保养费用负责，因此他们倾向于租车。而对于负责推出共享车业务的公司来说，他们完全可以从日益惨烈的行业价格大战中解脱出来。事实上，由于市场竞争激烈，很多汽车经销商和4S店只能不断下调产品价格，它们无法从销售车子上挣到更多的利润，唯一指望的就是从维修和保养费用上获利。而选择将车子以共享的形式出租出去，就可以打破这种低价格、低利润的发展模式，通过客观的租金来赢利。

出租车公司往往也是采用这种经营模式，它们不是直接将出租车卖给司机，而是租给司机使用，每个月收取几千元的租金即可，与共享车唯一不同的是，出租车司机需要自己掏油费和保养费。但使用出租的模式，出租车公司可以获得更高的盈利，这样比直接将车子卖给司机要划算很多。而对于司机来说，动辄十万的出租车会让他们承受一定的经济压力，即便是采取分期付费购车，恐怕在支付几万元的首付后，每个月还要支付几千元的贷款。相比之下，每月3000元的租金显然要亲民很多，也在大家的承受范围之内。

有关只租不卖的策略，既是一种经济算法问题，也是一种心理战术，所谓的经济问题其实就是一笔关于"租赁和出售的利润哪一个更高"的经济账，对于企业来说，租赁不会轻易引发降价现象，市场上的租赁价格比较高且相对稳定。当然，为了让消费者也能够算清楚一笔经济账，企业就会动用心理战术，比如暗示对方产品的价钱不会下降，并且在广告中宣传租赁的好处：可以免除高昂的购买费用，可以免除高昂的维修费用和保养费用。自然而然，它们不会提到用户购买产品的好处，包括占有这些产品的使用权和所有权，随时随地可以使用等优势。无论如何企业的这些策略能够有效影响用户的判断，并且引导他们接受租赁产品而不是购买产品的模式。

不过企业想要实施只租不卖的博弈策略有一个最基本的前提，那就是这是一个寡头企业控制的租赁市场，它们拥有产品的定价权，如果这是一个竞争非常激烈的市场，企业无法掌控市场，价格就会出现很大的波动，消费群体也会被瓜分，那么租赁也将失去更多的利润空间，这个博弈策略也会失效。

破窗效应与人性大讨论

1969年，美国斯坦福大学心理学家菲利普·津巴多进行了一项实验，他找来两辆一模一样的汽车，分别停在加州帕洛阿尔托的中产阶级社区以及相对杂乱的纽约布朗克斯区。停在加州帕洛阿尔托的车子完好无损，而停在布朗克斯的那辆，他故意摘掉车牌并掀开顶棚。结果停在布朗克斯的车子当天就被人偷走了。而放在帕洛阿尔托的那一辆一周之后依旧完好，菲利普·津巴多于是在车子的玻璃上敲了一个洞，几个小时之后，这辆车也迅速消失了。

这个实验引起了犯罪心理学家的关注，他们很快提出了这样一个推论：一栋建筑物中的某一扇窗户被打破了而没有人去及时进行维修，那么接下来的一段日子里，这栋建筑物的其他窗户会莫名其妙地被人打破。

这个推论就是著名的破窗效应，它主要是说当某个地方出现了错误行为或者漏洞，而这些错误行为没有立即被禁止的话，那么更多的错误行为就会出现，因为其他人会将这些错误行为当成某种示范性的纵容而去犯下更多的错误，一旦错误的行为在麻木的监管体系中造成了无序的现象，错误就会进一步传染。

破窗效应是由于心理相互影响的机制而产生的，每一个人都是社会群体中的一分子，每一个人的行为具有一定的趋同性，只要某人做了某事，那么这件事或者做这件事的行为就有可能影响到其他人的行为。因此群体中的行动往往具有传染性，而很多时候人们都会按照他人的行为模式采取行动，对于整个群体或者社会来说，这可能是危险的，因为一旦错误的行为出现，那么其他人有可能会纷纷效仿，当然这种效仿不是突然就出现的，每个人都会对他人的行为做出一些判断，这种判断主要在于"看看群体中的其他人对相关的行为会产生什么样的反应"，如果群体中的其他人对此置若罔闻，根本没有放在心上，那么这些行为将有可能迅速蔓延开来。总的来说，每一个实施"破窗行为"的行动者都会根据其他人的行为和监管者的行为做出判断，然后制定自己的策略。

破窗效应在生活中非常常见，比如在学校里面，如果老师对于某个上课说话的同学采取纵容的姿态，那么其他学生往往会觉得说话没有什么大不了的，这个时候就会有更多的人说话，而老师想要顺利讲课就会变得非常艰难。

在某个社区内，如果警察和公众对小偷的行为置若罔闻，那么小偷很快就会从1个发展成为10个，然后变得更多，最后整个社区都会成为小偷光顾的目标。

在公司内部也存在这类现象，如果有员工私自将公司资源挪为己用，而这一举动没有受到管理者的制止，那么其他人可能也会将公司的相关资源当成个人的资源来使用。

现如今，能源过度消耗和环境污染的问题一直困扰着世界各国政府，而很多地方一开始都对这些破坏性的行为睁一只眼闭一只眼，这种纵容的态度使得越来越多的企业不顾环保问题，一味追求自身的经济利益。

事实上，后面那些实施"破窗行为"的人，往往会存在这样一种心理："这个窗户不是我先打破的，别人能打，那么我也可以打。"这样一来，人们就会将所有的责任推到第一个犯错者身上，即便他们意识到自己的行为是错误的，即便他们意识到自己的行为可能会产生很大的破坏性，但是由于有了前人的"模范行动"，他们更容易失去自律能力。任何一种不良行为都会传递出这样的信息，而这些信息会导致不良行为的进一步扩展和蔓延，一旦没有及时对相关行为进行制止，那么错误就可能会越来越大，其产生的破坏性也会越来越大。

而制止破窗效应的方法也很简单，就是禁止人们犯错。这种禁止首先在于强化制度管理，约束和监督人们的一举一动，避免有人以身试法。这种方法主要在于预防，无论是提升制度约束、法律约束还是道德约束，其目的都是帮助人们建立起正确的行为意识，培养正确的价值观。

当然想要完全杜绝人们犯错并不现实，总是有人会受到利益的诱惑而偷偷摸摸搞破坏，因此预防工作并不能完全隔绝不良行为或错误行为的出现，对于监管者来说还需要制定强有力的错误纠正措施，只要发现了错误，就要立即对这些错误行为进行纠正。这就像修补漏洞一样，一旦出现了一个漏洞，那么就应当在它没有制造更大的麻烦之前及时进行修补。而纠正不仅仅在于纠正错误，还在于对犯错者进行严厉的惩罚，比如全力搜查第一个打破窗户的人，然后对其提出补偿赔款的要求；对于小偷，在抓住之后应该立即送往警局，而警察应该依据情节制定相应的惩罚措施，赔款、拘留，并安排对方参加社区服务劳动。对于那些乱排乱放、污染环境的不良企业，要给予重罚，并责令对方限期整改，甚至直接予以关停。通过更为严厉的惩罚措施，往往可以震慑到其他人，避免因为纵容而引起不良的示范作用。

当惩罚措施来得非常及时且非常严厉的时候，错误的行为往往可以在第一时间内得到有效的禁止，其他人即便蠢蠢欲动，也会因为担心自己受到惩罚而放弃，这样一来整个环境就会变得更加安全和健康，不良行为的势头会得到有效遏制。

谁会是给猫拴上铃铛的老鼠？

　　在西方的童话故事中有这样一个有趣的故事：某个住户中来了一只猫，它每天都乐此不疲地逮老鼠，这让原本猖狂的老鼠感到恐惧，由于担心自己被猫抓住，老鼠家族不得不召开内部会议，会议的内容是"在猫脖子上拴上一个铃铛"，这样一来，只要猫试图靠近老鼠，老鼠就可以依据铃铛声提前逃走。

　　老鼠们都觉得这是一个很好的提议，但大家同样也都很犯难，究竟应该让谁去做这件事呢？一只老鼠想要将铃铛系在猫的脖子上，就意味着要承受给猫当晚餐的危险。虽然这样的举动对于整个族群有重要的意义，可是谁愿意为了族群的幸福而牺牲自己的生命呢？因此老鼠们都陷入了思维困境。

　　"给猫拴上一个铃铛"这样的事情难住了老鼠，而在日常生活中，人们也会因为这样的事情而感到困扰。比如一家公司最近准备削减员工福利，这让员工们感到不满，因此员工觉得有必要派一个代表与老板进行谈判，代表必须传达所有员工的心声，并要求公司取消这个新政策，只要代表积极施压，那么老板一定会迫于代表背后的团队的压力而撤销新政策。

　　但是在选择代表的时候，员工内部开始出现了各种各样的争议，因为谁都不想去担任代表的角色，都不想充当出头鸟。按照老板的性格，也许他会在代表面前做出妥协，可是为了扳回一局，他有很大的可能会拿代表开刀，或许会想方设法打压代表来出气，而代表所能获得的也许仅仅是大家的尊敬和感激。在个人付出与个人获得完全失衡的前提下，没有人会愿意冒着被压制，甚至被开除的风险来"做好事"。

面对这样的局面，每一个员工都开始产生纠结心理，他们既担心自己被选为代表，同时又寄希望于有人站出来为大家的利益而努力，当所有人都将希望寄托在别人身上且尽量让自己置身事外的时候，大家的意见就无法形成统一，代表也难以顺利选出来。

"给猫拴上一个铃铛"这个故事的核心内容并不在于它是一个多好的点子，而在于谁愿意成为那只负责给猫拴上铃铛的"老鼠"，作为一件当事人需要承受巨大风险而所获得的利益与其他人相差无几的苦差事，每一个人都会尽可能对这种"高风险，低回报"的事情保持敬而远之的态度。

这个童话故事指出了一些群体性行动可能存在的有关"付出与回报"的争论，但从"老鼠"的角度来说，试图解决这一难题是非常困难的，不过这些问题并非完全无解的，对于那些处于弱势地位的人来说，解决这个难题的方法有两种：第一种，大家一起行动，真正借助集体的力量与强权进行对抗，这样取胜的机会非常大，而且即便失败，风险也会得到有效分摊。第二种是选定一个代表，但是团队必须对这个代表做出补偿的承诺，确保这个代表的付出和回报是对等的，通常情况下，做到这一点会很难。

事实上，即便是第一种情况也并不容易做到，群体行动形成绝对的统一，形成绝对的向心力，并非简单的事情，由于每个人都会衡量个人利益、团队利益以及个人代价之间的平衡，因此个人常常会有一些自己的小算盘。一些工会组织或许常常会保持一个团结的姿态针对各个企业的领导者或者厂长，以此来增加谈判的优势，可是这些组织往往并没有想象中的那样牢不可破。

有人对这个童话故事进行了反向运用，那就是处于强势地位的"猫"对于来自弱势地位的"老鼠们"的一些进攻性举动可以采取一些威慑的方法，"猫"必须给"老鼠们"发出这样一个信号：任何试图在我脖子上动手脚的人都会承担巨大的风险。比如在前面那个有关削减公司福利的例子中，公司的老板意识到公司目前存在的一些高福利措施使得员工过分沉迷在利益获取上而丧失了奋斗的动力，这对公司的发展造成了很大的影响。为了改变这种局面，他准备推行削减福利的政策，当然他知道自己这么做会引发所有员工的激烈反对，一旦员工联合起来针对自己，那么自己就要被迫做出让步。

为了避免出现这样的状况，老板可以有意无意地释放这样一些信号："谁如果试图提出反对意见，那么可以当面和他谈一谈相关的问题，并好好给对方上一课。"这句话表现出了一定程度的威胁，但这种威胁并不是针对所有员工的，而是故意针对那些"提出反对意见"的个体的。在这里，老板非常巧妙地将整个团队分解成个体来对待，而这会让自己处于绝对的优势地位，因为任何一个员工绝对没有胆量和勇气独自挑战老板的权威，尽管最初的目的是让自己获得更多的利益。

各个击破的方法还在于老板可以找那些具有地位的员工进行一对一的私人谈话，比如老板可以先和员工A谈话，并告诉他"公司是不会做出妥协的，因为这样做会让整个公司的资本运作崩盘，因此一旦双方难以达成统一，到时候恐怕只有辞掉那些不愿意妥协的员工了。我知道你在工作中会遭遇一些损失，而公司也会尽量给予一定程度的弥补"。

接下来，老板会将这段话分别同员工B、员工C分别复述一遍，直到和所有的"重要人物"进行沟通。在沟通之后，员工A、员工B、员工C大概就会立即选择放弃继续为员工发声的机会，因为老板的威胁中已经明确地表达出了这样一种态度：如果继续反对削减福利的计划，那么反对者可能会被赶出公司，而受益的是其他人。反过来说，一旦放弃反抗的权利，将会获得一定的补偿。无论从哪个方面来说，放弃反抗都是一个比较稳妥的策略。

从某种程度上来说，羸弱的个体在一些团队事务上会更多体现出个人的思考，因为团队利益与个人风险原本就是一种失衡的对应关系，每一个人在做出努力和牺牲之前，都会这样去考虑："当我做完这些事之后，我还能获得什么；而我如果不做这些事，我又能获得什么。"正是出于这种考虑，"猫"常常可以轻松地对"老鼠家族"实施各个击破的方针。

想要卖出产品，
为什么需要抬价而不是降价呢？

在2008年的全球金融风暴中，有许多房地产公司都遭遇了困境，由于经济环境不好，民众消费欲望不强烈，房子很难卖出去。在这种情况下，商家只能进行降价处理，于是很多房产商都纷纷打起价格战，可是这样做最终使得市场价格越来越混乱，随着更多的竞争者加入价格战中，房产商的日子越来越难熬，而房子也没有像预期的那样卖出去。

而有一家商家却反其道而行，他们首先打出"每天限购5套房子"的标语，并且直接抬高了房价而不是采取降价的方式。当时许多人都认为这家房产商大概是疯了，这样做还怎么和其他房产商竞争，考虑到当时的糟糕环境，抬价无异于将自己的营销之路彻底堵死。但事实恰恰相反，就在广告公布的第二天，就有很多人来公司售楼部看房子，而当天就有很多人预订了房子。而短短一个月，公司库存的商品房全部成功出售。

那么为什么限制销售量和抬高房价会导致房子变得紧俏畅销呢？想要弄清楚这一点可以先看看一些小贩是如何做的。在水果商场，很多小贩为了更快地卖出自己的产品都会选择降价竞争，但降价并没有吸引到太多的消费者，而他们中的某些人会聪明地选择提高价格，这样做的目的很简单，就是通过抬价来提高"身份"，让消费者误以为这些水果更新鲜、更美味，或者误认为这是国外引进的新品种。事实上，这样的方法往往能够奏效。

同样地，房产商收紧房源和抬价也是为了误导民众，让民众产生一些错觉：是不是这家开发商的房子质量更好？是不是金融危机即将结束，那时候房价可能要大涨？是不是这家公司的房子卖得非常好，以至于供不应求？当房价被抬高之后，人们的猜疑会越来越多，而房产商适当隐藏信息和限制信息的做法则让民众在博弈中处于被动位置。这样自然就造成了房价越来越高，房子越来越好卖的奇怪现象。

　　当然类似的博弈在奢侈品市场一直都是颠扑不破的真理，比如在市场上，很多人都喜欢打着"不买对的，只买贵的"的口号购物，因此价格越贵的东西有时候越是具备吸引力。同样面料和做工的衣服在普通商店里只卖300元，贴上一个名牌标签后可能就变成了3万元。这里的增值可能有品牌溢价的因素，但是人们追逐"更贵、更高档"产品的心理一直存在。

　　一些奢侈品的商家深谙这个道理，一个奢侈品牌手包原本卖到2万元就很贵了，可是为了让它变得更加与众不同，商家会肆无忌惮地提高到5万元甚至10万元的价格，而这种提价可能会吸引更多的有钱人。加价之后也就意味着更加高档，意味着更能衬托身份，一般人根本无法了解其中的猫腻，只会对价格变动产生一些主观上的猜测。

　　那么抬高价格的原理和本质究竟是什么呢？那就是信息博弈，简单来说卖家为了让自己的产品更加畅销，就会想办法制造信息上的差异，或者强化信息不对称。其实在买家和卖家的博弈中，信息不对称一开始就是存在的，卖家对于商品的相关信息更加了解，而买家在信息获取方面则是弱者。此时，如果提高产品的价格，那么对于买家的心理影响很大。比如一个苹果一开始卖5元钱，那么消费者更多时候只是计算这5元钱究竟值不值。一旦苹果的价格上涨到10元，那么商家无形中就创造了更多的信息含量，而消费者对此一无所知，这个时候他们就可能会产生各种各样的猜测和想法：苹果是否是进口的？是否意味着市场上的苹果不多了？是否意味着这种苹果营养价值更高？

在第一章的时候，书中谈到了信息不对称的问题，并且将信息当成影响博弈结果的一个重要因素。卖家通常不会随便道出提价的原因，他们更习惯于采取信息限制原则，美国心理学家罗伯特·西奥迪尼在《影响力》一书中，就谈到了商家在出售商品时选择提价而不是降价的策略，其中所遵循的原则就是信息限制原则。

这种信息限制的方法将进一步拉大双方的信息差距，从而导致买家处于完全被动的位置。当消费者胡乱进行猜测的时候，卖家的目的已经达到了，即便有时候消费者意识到这个苹果似乎也没有什么与众不同，但是自己做出的推测无形中会为苹果增加不少光环。这样的情况就类似于奢侈品购买，名牌加身的光环会提升产品的价格。

在信息限制下，买家对高价购买的产品会进行自我催眠："这个产品的质量肯定更好""这是限量版的，我拥有资源稀缺的优势""我觉得这个产品比之前的产品好用多了（实际上差不多）""任何产品贵都有贵的道理"，这些心理或多或少都会影响人们的行为。

比如在心理学和经济学上有这样一个效应：凡勃伦效应。该效应主要是指消费者对一种商品需求的程度会随着价格的增高而增加，它是人们挥霍性消费心理的一种表现。当产品价格定得越高时，消费者越容易获得满足，可以说消费者购买高价商品的目的并不仅仅是获得直接的物质满足和享受，更大程度上是获得心理上的满足。

对于卖家来说，一方面他们制造了信息差异，从而误导了买家的判断；另一方面则是成功利用凡勃伦效应影响了买家的行为。而对于买家来说，更多的是个人的消费心理在作祟，与此同时，他们没有办法了解商品的相关信息，也不知道卖家的策略。为了打破这种被动的局面，买家首先要做的就是想办法收集更多的信息，抹平信息差异，打破信息不对称的局面，从而在博弈中掌握更多的主动权。其次，买家必须改变自己的消费观念，不要认为"贵的就是好的"，而应该质疑这是不是商家的策略，并且尽量选择更为廉价的替代品。

　　此外，抬高价格往往伴随着很大的风险，因为卖家必须保持绝对的神秘性和一定的竞争优势，就像苹果手机一样，它的应用体验和系统创新优势是一个很好的噱头。奢侈品也具备品牌上的一些优势，如果没有这些噱头和优势，那么盲目涨价只会失去更多的消费者。可以说，一旦买家对抬价行为不买账，那么抬价就会成为进一步摧毁竞争优势的不利因素。正因为如此，在市场竞争非常激烈的多数情况下，人们并不会铤而走险。

为什么很多企业不喜欢打广告？

在如今这个信息社会中，人们每天都会接收到大量的信息，而其中有很多是广告信息，可以说广告几乎无处不在。说起广告，许多企业都乐于对自己的产品进行宣传，并借助各种各样的信息渠道来拓展品牌影响力。无论是报纸、电视、电影、广播、网络、广告牌、杂志，还是其他一些媒介，都会成为广告的载体。一些企业还会将自己的产品投放在最高级的平台和最好的时间段，一些价值数亿元的广告竞标费用也让人咋舌。

可是对于许多企业来说，广告投放的成本是非常划算的，毕竟随着产品的不断增加，随着竞争对手的不断进步，企业想要确保自己的产品被更多消费者熟知，想要确保自己的产品能够在市场上或者行业内保持持续的影响力，就需要借助广告传播。

不过有一些企业并不这么去想，他们并不习惯于借助广告这样一种博弈手段与人竞争，或者说他们更喜欢在私底下将产品卖出去。在过去很长一段时间内，人们会认为一些企业之所以不打广告，恐怕就是因为资金不够，可是在现如今这种信息沟通高度发达的社会，很多平台和渠道都可以充当广告投放的媒介，价钱也并没有高得那么离谱，可见资金并不总是制约广告投放积极性的因素。

难道还有谁会不喜欢广告吗？原因还真是如此。这里涉及一个专有名词

"广告战博弈"，那么什么样的企业会投入巨额资本发动广告战呢？按照经济学家的说法，经常打广告或者试图通过广告来击垮对手的企业往往都是一些大企业，它们的产品质量很好，可以赢得消费者的信任。为什么要重点提到"质量"二字呢？原因就在于这些企业生产的商品往往需要在使用之后才会真正感受到质量如何。对消费者而言，他们会在消费产品之后做出评价，并将自己的消费体验和该产品的广告对应起来，看看是否真的如同广告上宣传的那样。这种打了广告的产品被称为经验品，即消费者会依据自己的消费经验决定自己以后是否需要继续购买。

对于企业来说，他们必须保证产品的质量符合消费者的预期，或者能够迎合消费者的消费需求，这样才能放心地打广告，才会舍得下血本来提升产品的宣传力度。"打铁还需自身硬"，多数有实力的企业都会以这样的心态去投放广告，对他们而言，广告不仅仅是一个单纯的吸引人的手段，更应该是一种承诺，打广告的企业之所以会投放巨额资本，就是因为它们对自己的产品充满自信，或者说这种巨额成本本身就是一种对产品质量的承诺，毕竟没有质量做保证，消费者很有可能会在使用之后就放弃对产品和品牌的支持，而那样的话，企业从一开始就没有必要投入太多成本。

大企业有产品质量的保障，可是对于小企业来说，虽然自己的产品也很正规，可是却缺乏竞争力，产品质量并不算好。如果消费者在体验的过程中产生了不太好的体验，那么它们的经验品往往就不具备吸引力，消费者下一次有很大可能改换其他品牌和产品。在这种情况下，任何巨额的广告投放都是不明智的。还有一点也很重要，当消费者发现广告中的描述与现实体验不相符合的时候，对该品牌的产品的印象会更差，此时还不如不打广告。

因此，在市场上，当企业试图发动广告战的时候，需要考虑一下是否值得去做，是否拥有足够强悍的实力、高质量产品以及良好的口碑来留住消费者，赢得更多的回头客。如果做不到这些，那么就不应当盲目参与广告战。真正适合发动广告战的企业必须拥有一定的实力和拿得出手的产品，它们的产品必须经得起考验。在强大的实力面前，它们有足够的资本和勇气通过广告战与消费者以及竞争对手进行博弈，并且能够有效掌握主动权。

而低质量产品由于鲜有人光顾，经常会造成消费者流失的情况，如果选择花费一大笔钱打广告，就会造成资金的浪费，还可能会让产品和品牌的名声变得更差，可以说弊大于利。

如果将前面的问题进行转化，那么就可以说：任何一家企业在投放广告的时候，需要算一笔经济账，即自己投放广告是否划算，如果投放广告能够带来更大的收益，那么就值得投放。这里所说的收益是指长远收益，比如从短时间来看，巨额资金的投入可能会对企业的利润造成一定的影响，但是一旦品牌知名度得到提升，一旦产品进一步拓展了市场，那么对于企业进一步巩固市场地位有很大帮助，从长远来看，这仍旧是一个非常有利的举措。为了提升产品和品牌的市场影响力，为了挤压对手的生存空间，有时候发动广告战也是一个明智之举。对于那些质量有保障的大企业来说，这就是他们制定相关博弈策略的原因。而对于那些质量低劣的企业来说，在广告投放中花费一大笔钱可能会严重降低自己的收益。

就像苹果手机或者三星手机会花费巨资做电视广告一样，这笔广告投资往往会产生数倍的收益，而一些价格低廉、质量一般的老年机就没有必要去花大价钱打广告，毕竟这种产品本身就缺乏竞争力，大都针对一些老年人市场，利润也很微薄，如果运营成本过高，无疑就会让相关企业的发展举步维艰。

由此可见，并不是所有的企业都喜欢打广告，真正喜欢在广告中增加投入的企业，往往都是有竞争力的企业，它们的产品质量、品牌知名度以及市场影响力都是极具竞争力的，这也是它们在广告战中更加执着的原因。而其他一些竞争力不足的企业，为了尽可能确保获得更多的利润，也会放弃任何可能增加成本的营销方式。

傻瓜、骗子和精明者之间的博弈

　　假设在生活中，人们只采取两种策略，第一种是担当傻瓜，成为纯粹的利他主义者，这类人通常会主动帮助别人，无偿地付出，却从来不会要求获得任何回报；另一种恰恰相反，他们更喜欢担当骗子的角色，而骗子是纯粹的利己主义者，而且做的都是损人不利己的事。

　　如果某个群体中都是骗子，那么大家最后都会因为无利可图而自动消失。如果某个群体中一开始都是傻瓜，那么由于大家都互帮互助，主动付出，每个人都会觉得获益匪浅。当群体中开始出现一个骗子，剩余的其他人都是傻瓜，那么这个时候，这个骗子总是想方设法从傻瓜这儿捞到好处，他可以活得非常潇洒和舒服，而且一个人获得的收益比任何一个傻瓜都要高。正因为有利可图，骗子的策略会扩散开来，群体中越来越多的人喜欢实施骗子策略，导致骗子越来越多，而傻瓜越来越少。

　　当骗子和傻瓜的比例各占到50%的时候，双方的收益都越来越差，但是骗子仍然会比傻瓜好一些，因为他们能够从傻瓜手里榨取到更多的好处。由于骗子的境况比傻瓜要好，仍然会有很多人决定采取骗子策略。当傻瓜越来越少而骗子越来越多时，所有人开始觉得生活艰难，毕竟傻瓜被剥削得越来越厉害，而骗子获得的利益也渐渐减少。用不了多久，傻瓜会慢慢灭绝掉，而骗子由于失去了收益的来源，也开始灭绝，整个群体开始消失。

如果在整个群体中加入新的选择，即担当精明人的角色，那么会发生什么事情呢？精明人会主动帮助别人，也会对别人的帮助保持积极回应，可是如果有人胆敢欺骗他们，那么他们就会将这个人列入黑名单。

假设群体中都是精明人，那么大家会努力为彼此付出，然后获得相应的回报，此时大家的收益非常高，群体也一团和气。

假设群体中只有精明人和傻瓜，那么双方肯定会相互帮助，彼此付出，那么精明人在这里扮演的角色以及所做的事情与傻瓜别无二致，双方都可以获得很大的收益。

假设群体中只有精明人和骗子，那么就要看双方之间的比例是多少，如果精明人数量很少或者只有一个，那么他们没有足够的精力应对一大堆的骗子，可以说，一旦骗子的数量大大超过精明人，那么精明人的策略就会失效，大家都会转化成骗子。可是如果精明人的数量上升到了一定的比例，精明人之间接触的机会增加了，那么他们的收益就会升高并且不断抵消为骗子服务和付出的精力，这个时候，骗子的策略开始失效，而且由于收益会越来越低，他们被迫改变策略，开始变成精明人，然后慢慢灭亡。

通过对这三种角色和策略进行分析，就会发现骗子比傻瓜更容易生存，而精明人则是最具优势的角色，或者说扮演精明人的策略是最优的策略。相比于骗子和傻瓜，精明人的优势比较明显，只要有精明人出现，群体中就会很大可能出现越来越多的精明人，一旦精明人达到了一定的比例，那么骗子就会失去生存的空间。

如果将这三种角色放在一个群体中，即分别有人选择试用傻子策略、骗子策略以及精明人策略，就会出现这样的情况：一开始，傻瓜在骗子的剥削下会越来越少，骗子则越来越多，而精明者因为骗子的挤压而慢慢减少。可是当傻瓜消失之后，骗子的生存越来越艰难，此时精明者就有了越来越大的生存空间，数量不断增加，骗子开始从优势地位转向劣势，然后慢慢走向灭亡。在骗子走向灭亡的过程中，由于数量不断减少，他们对于精明人的威胁降低，或者说精明人受到的欺骗以及利益损失在平均后并不多，因此骗子往往可以获得苟延残喘的机会，可是最终的灭亡不可避免。

从这三个角色的博弈中可以发现一点，骗子是威胁傻瓜生存的最大对手，他们会负责消灭傻瓜，可是傻瓜消失之后，他们会遭遇精明人的打压。精明人是抑制骗子不断增加的关键因素，可是傻瓜会威胁到精明人的生存，因为他们会引起骗子的繁荣。但最后的优胜者往往是精明人，也可以直接说："一报还一报"的精明策略是最适合生存的策略，也是诸多策略中的最优策略。盲目采取"利他主义"或者坚持"自私自利""损人利己"的博弈策略都可能招致失败。

许多人会说，如果这个世界上都是无私的奉献者的话，那么世界就会变得多么美好，彼此之间的合作也会越来越顺畅，可问题在于这些无私的奉献者是否拥有自己的立场和底线，如果没有立场且没有原则地为他人付出，却不懂得保护自己，那么就会成为傻子，然后衍生出更多的骗子，而整个社会也会陷入失衡和失控的局面。

对于群体中的任何人来说，最好的策略就是成为精明人，凡事坚持互惠互利的原则，大家相互合作，实现共赢，并且精明人给出的底线很明确，那就是无偿帮助他人、服务他人的机会只有一次，如果对方没有把握住这一次机会，那么下一次双方的合作就不会存在，而这样的策略就使得对方必须三思而行，采取同样的规则行事，并且确保自己第二次行动与第一次行动相一致。也正是因为这样，才会使得整个市场走向公正有序的状态。

所以，当人们都在谈论某某人非常精明的时候，或许并没有意识到当市场上缺乏精明人的时候，整个市场都将会陷入混乱无序的状态。

把握生活中的群体思维与个人思维

　　这一章谈论的是群体思维，这也是生活中最常遇到的一种思维模式，可以说在人与人之间的博弈中，很多时候都是因为受到了群体思维的影响，以至于个人思维会陷入一种盲从或者不知所措的境地，并产生错误的判断。

　　群体思维是指群体人们卷入一个凝聚力较强的群体时，对于寻求一致的需求超出了合理评价备选方案时所表现出来的一种思维模式。通常情况下，拥有群体思维的人会面临从众的压力，这样他们对不寻常的、少数人的或不受欢迎的观点不会进行客观评价。作为群体内偏于消极的一种思维模式，它会对群体决策的合理性产生严重影响。

　　群体思维有很多弊端，因此群体思维和群体决策常常会受到人为的操控，比如从众心理就是一个最明显的例子。在投资领域，如果某人在某个投资项目上发现了很大的商机，那么很快就会有更多的人蜂拥而入，他们看重的是"这个项目能挣钱"，而没有想过"自己投资之后还能挣到多少钱"。一个项目能挣钱，往往是因为项目本身具有吸引力和发展潜力，但还有一个重要因素是因为接触的人少，使得它具备赢利空间，一旦投资者不断增加，每个人的收益都会受到削减，一旦投资人数超过临界值，每个人就都要开始亏损。

　　这就是为什么果农在第一年可以挣到钱，而在之后几年越来越不景气，甚至要亏本大甩卖，原因就在于第一年的赢利刺激了更多的投资者和资本进入市场，但市场的承受能力和饱和能力都是有限度的，超过了这个承受能力，那么原本建立起来的市场就要垮掉。

在股市中也是一样，当人们意识到某只股票不断上涨且跟进的人越来越多，那么就会吸引更多的人加入，但是股市本身就是一个内部的零和博弈，它无法产生新的资本和新的价值，只不过是资本的转移和流通。当越来越多的人选择跟进时，庄家可能会在某个时间段抛售手中的股票，引起股价大跌。

盲从心理往往会导致决策上的失误，或者说会受到他人的控制，而究其原因就在于人们很容易受到外在的干扰，很容易将他人的行动作为自己行动的指引，事实上他们自己却缺乏明显的判断能力和分析能力。而正是因为相信或者预测群体中的其他人会"这样做"或者"那样做"，人们常常会将希望寄托在别人身上。如果说盲目投资是因为相信别人也在做这件事，相信别人的选择不会错，那么责任分散效应同样也是因为相信别人会做某件事。但所有的希望都寄托在他人身上的时候，个人决策实际上就显得有些被动和盲目了，个人在决策的过程中，不会针对自身的情况进行了解，不会对整个环境进行认真分析，因此做出错误决策的概率会大大增加，受到他人操控的机会也会增加。

当大家都这么想或者这么去做的时候，也并不完全是坏事，例如一些揭发社会弊端的信息就需要强大的舆论来造势，一些爱心捐助活动和公益活动同样需要利用从众心理和群体思维来扩大影响力。但是在多数情况下，群体思维容易促使个人犯错，或者说导致整个群体容易出错。

法国社会心理学家古斯塔夫·勒庞在《乌合之众》这本书中曾详细分析了群体思维的局限性："孤立的个体具有控制自身反应行为的能力，而群体则不具备""群体盲从意识会淹没个体的理性，个体一旦将自己归入该群体，其原本独立的理性就会被群体的无知疯狂所淹没""大众没有辨别能力，因为无法判断事情的真伪，许多经不起推敲的观点，都能轻而易举地得到普遍赞同""群体表现出来的感情不管是好是坏，其突出的特点就是极为简单而夸张""个人一旦成为群体的一员，他的所作所为就不再承担责任，这时候每个人都会暴露出不受约束的一面。群体追求和相信的从来不是什么真相和理性，而是盲从、残忍、偏执和狂热，只知道简单而且极端的感情"。

这些话非常准确地描述了群体思维对个人决策的影响，换句话说，为了避免受到群体思维的影响，个人不仅仅要和其他人进行一对一的博弈，还要懂得和整个群体以及群体思维进行博弈。而关键就在于每一个人都要找到自己的思维方式，要找到真正合理的博弈策略。

一方面要对群体思维进行分析，看看这样的思维是否合理，如果群体行动或者群体决策缺乏合理性，或者已经显示出了一些弊端，那么就要立即采取措施，脱离群体思维的影响，选择同群体行动截然不同的方式去行动。这就是所谓的少数派原则，少数派原则在一些重大事项的决策上非常重要。比如有一件事情大家都赞同去做，那么就要考虑一下那些不同意去做这件事的人，考虑到大家具有从众心理以及出现从众行为时的狂热心态，有时候看看少数人的决策，也许有助于人们保持理性。

另一方面，人们要强化对相关事件的认识，在做出决策之前努力去搜集相关的信息，然后针对这些信息进行分析，而不是盲从他人的想法和观点，不是盲目跟随他人的行动。信息是博弈的重要组成部分，搜集到充分的信息就可以保障自己做出合理的决策，就可以在博弈中掌握更多的主动权。

在很多博弈中，群体行动的背后往往有一个推手，这个推手就是个体决策的最大博弈对象，人们在做决策之前必须先找出这个推手，了解对方的动机是什么，弄清楚对方有什么目的，这样就可以对整个群体行动有更为清醒的认识。而了解这一切就可以指导自己的行动向更为理性的方面靠拢，避免卷入一场不合理行动之中。

总而言之，个人想要在群体中保持决策的合理性与有效性，那么从一开始就要克制自己盲目行动的欲望，凡事先进行理性分析和思考，这样就可以更好地规避群体思维下的陷阱。

第三章

博弈的好坏往往取决于人们做出了何种选择

GAME

有优势策略的话就要尽量选择优势策略，没有优势策略的话可以选择排除劣势策略，避免自己做出对自己不利的决策，这种优势并不一定会带来最佳的收益，但是却能带来最稳妥的收益。

麦穗理论下的选择性失策

古希腊哲学家苏格拉底是一个非常博学的人，有一次三个学生向他请教如何寻找最佳伴侣的问题。苏格拉底并不急于给出他们答案，而是带着学生进入一块麦田。苏格拉底要求学生在麦田里找到一支最大的麦穗，但是每个人只有一次选择的机会，而且每个人必须沿着一个方向穿过麦田，不能来来回回寻找。

第一个学生听了老师的吩咐后，直接跑进麦田，然后很快就摘下一支看起来最大的麦穗，可是当他在麦田里继续往前行走时，才发现自己摘下的麦穗并非最大的，麦田里面还有很多比它更大的，可是由于一开始就着急完成任务，他只能遗憾地走出麦田。

第二个学生意识到了第一个学生的问题，于是改变了策略，他走进麦田后一直都不慌不忙地观察，尽管他在途中遇到了很多大麦穗，不过直觉告诉他后面还有更大的麦穗。为了不让自己后悔，他对途中遇到的那些目标都视而不见，一直专注地往前走。可是他穿过整片麦田也没有找到理想的麦穗，为了不至于两手空空，他只能无奈地在田边随便摘了一支看起来比较大的麦穗。而这支麦穗竟然还没有第一个学生的麦穗大，比起之前途中看到的目标更是要小不少。

之后，第三个学生也走进麦田，他吸取了前两个学生的经验教训，一开始就在心里将自己要行走的路线分成三段。在第一段路程中，他将眼前的麦穗大致分成了大、中、小三类；在第二段路程中，他特意验证了自己在第一段路程中对麦穗划分的标准；到了第三段路程中，他依据这个标准选择了一支比较满意的麦穗。虽然这支麦穗并不是整个麦田里最饱满的，但在三个人选的麦穗当中却是最大的一支。

当学生们各自拿着麦穗走出麦田时，苏格拉底笑着对几个学生说："我想，你们现在应该知道如何找寻理想的伴侣了。"学生看了看手中的麦穗，很快就明白了老师的意思。

这个故事后来就演变成了"麦穗理论"，而这个理论并不是为了寻求最大的麦穗，而是坚持了"不求最大，但求更大"的原则，而这个原则对于个人的生活有很强的指导意义。比如在选择交往对象时，就可以借助"麦穗理论"。

其中第一个冲进麦田的学生可以当成是那些崇尚闪婚的人，他们缺乏判断和等待的耐心，一旦遇到自己看着还顺眼的异性对象，就会直接将其当成目标。通常的情况是，他们会很快与对方结婚，可是经过一段时间的接触，他们才发现对方并没有像之前想象的那么好，而周围还有很多比对方条件更好的对象可供选择。由于彼此之间缺乏足够的了解，这一类人的婚姻往往不够牢固，彼此之间的关系也容易出现问题，而这些问题常常会成为诱发离婚的主要因素。

第二个冲进麦田的学生就像婚恋关系中的那些挑剔者一样，他们更希望找到一位如意郎君或者一位毫无瑕疵的美女，为此他们总是处在一种不断对比、挑剔和排除的状态，并且坚信遇到的下一个要比这一个更好，或者认为自己会遇到更好的人，正因为抱着这种想法，他们常常会沦为"被剩下"的那一类人，最后由于年龄的限制和家庭压力的影响，他们只能被迫随便寻找一个人共度生活。而这样的凑合心理让整个婚恋关系原本就先天不足，这使得双方的婚姻生活常常问题重重、举步维艰。

第三个学生代表了更为理性的那一群人，这类人会制定属于自己的审美眼光和择偶标准，他们知道自己想要找什么样的人，知道自己适合与谁待在一起，尽管另一半并不是最漂亮、最有钱或者最优秀的，但往往会是最适合的，双方的互补性比较强，而且婚恋关系通常也是三组人中最稳定的。

不同的人往往具有不同的选择标准，但是无论哪一种选择都应该坚持理性思维，在做出决策之前，应该对相关内容进行合理分析，明确自己的需求，看看自己究竟最需要什么。其实除了婚姻和爱情之外，在追求一些生活目标和工作目标的时候，也要坚持这个原则，凡事不要过分追求完美，不要过于急躁，要注意选择一个最适合自己的目标。

比如有的人在选择工作时，缺乏理性分析的能力，一些人直接就被眼前的工作吸引，而错过了更好的工作；而一些人则恰恰相反，他们总是觉得最好的工作还没有出现，因此一次次错过目标，直到机会一点点丧失之后，他们才意识到自己再也找不到那样的好工作了。

类似的情形在购房者这里也普遍存在，现如今许多人都想要买房，并且期待着买到最舒适、性价比最高的房子，他们在面对各种房源的时候，同样会陷入非理性的状态。比如有的人担心房价会上涨，担心眼前的好房子被人抢走，所以看中了一套就立即买下来，可是等到他们发现其他楼盘和品牌的房子时，意识到自己的房子买贵了，而且地理位置也不好。还有一些人在面对各种不错的房源时，始终捂紧钱包，因为他们认为还会有更便宜更好的房子出现，可是等来等去什么也没等到，而原来的那些好房子都被别人抢先购买了。

无论是工作还是买房，都需要保持理性思维，都要严格按照麦穗理论来做出满意的决策，在做出选择之前，应该对整个工作形势或者房产形势进行分析，弄清楚工作与房子的层次和价格，然后针对自己的消费情况进行分析，确定自己的选择区间（比如什么价位的，什么户型的），只有明确相关内容，人们才能够避免盲目选择造成的损失。

著名管理大师西蒙认为："一切决策都是折中，只是在当时情况下可选的最佳行动方案。"麦穗理论就是一种折中的理论，它也被人们称为"满意决策理论"。这个理论对于做事犹豫不决、有选择困难的人群非常适用。但是它的本质并不是为了找出最优的选择，也不能帮助人们找出最优方案，而是找出一个令人满意的方案。其实，所谓的最优方案只是存在于理论中的一种分析，在现实中基本上很少能够做到，但是寻找一个令人满意的方案并不难，因此整个理论可以有效纠正人们的一些错误理念和错误观念，确保每一个人专注于现实，而不是盲目追求理论中的最大值。

单独评价和比较评价带来的影响

第一次和异性相亲见面时，人们通常都会带上自己的朋友去助阵，顺便让朋友给自己一点参考意见。不过很多人并不注重内在的一些细节，常常会给自己的相亲之旅蒙上一层阴影。比如通常情况下，人们会带上那些比自己更丑一些的朋友一同前往，这样做的目的非常明显，就是通过丑朋友来反衬出自己的美，从而凸显出自己外貌上的优势。而有的人没有考虑到这些，常常会带上比自己更加漂亮的朋友，结果自己在相亲时容易被朋友喧宾夺主，相比之下，自己反而显得没有吸引力了。

在相亲时，相亲对象通常会通过对比来了解另一半，如果相亲者刚好邀请了朋友，那么这个朋友就可能成为一个明显的参照对象，而如何在对比中体现出自己的优势，这是每一个人在选择博弈策略时都会优先考虑到的问题。所以多数人都会选择一个比自己更丑的朋友去参加相亲活动，都会想尽办法让相亲对象觉得自己"高人一等"。

做出类似的博弈策略并不困难，难的是当朋友和自己长得差不多时，或者双方之间的差距微乎其微时，人们该如何应对呢？

从博弈学的角度来说，当相亲对象面临的选择不相上下时，对相亲者进行单独评价和比较评价所产生的效果并不相同。

比如当相亲者和朋友一样漂亮时，这个时候选择一个人去相亲就比两个人一起去更有优势，因为相亲对象会对相亲者及其朋友进行对比，对方会发现相亲者并没有什么太突出的地方，外貌看起来也没有比其他人更好一些，因此总体上的评价并不会太高。一旦相亲者单独前往，那么由于缺少了参考对象，个人的美貌就会凸现出来，相亲对象会觉得这种美貌非常出众。

如果相亲者和朋友都很丑，这个时候就适合一起前往，因为当相亲者单独前往时，外貌上的劣势会非常明显，对方很容易产生一些不好的印象。如果带上一个和自己一样丑的朋友，那么彼此之间由于在对比中相差不大，相亲对象反而会通过比较评价来找出相亲者身上的一些优点。

考虑到现实生活中，不可能只表现出某些优势或者某种劣势，任何人都是矛盾的混合体，都拥有优点和缺点，而这一特质使得单独评价和比较评价在很多场合都具有不同的博弈策略。很多时候这种评价可能会存在一些艰难的选择，尤其是当一些缺点和优点表现出某些特定的联系时，人们需要更加合理地运用博弈策略。比如某个人的脸上有一个很大的伤疤，这是一个非常明显的劣势和缺陷，这个缺陷会让他在相亲时面临窘境。比如这个人还非常有才华，非常善于投资，虽然这些才华往往是隐性的特点，有时候是难以完整表现出来的，或者说对方很难感受到这个优势。

当一个人同时具备明显的缺陷和不明显的优点时，在相亲时，该如何选择自己的博弈策略呢？按照心理学家的建议，此时应该选择和同伴一起去，虽然个人脸上的伤疤通过对比会非常明显，但即便是单独相亲，这个伤疤依然会非常明显。唯一不同的是，个人的才华在单独相亲时表现得不明显，只有和朋友进行对比才能表现得更加透彻，这样一来，相亲对象可能会因为相亲者不俗的谈吐和才华而被吸引住，甚至会产生一种想法："一个人有才华就行，善于投资就行，相比之下，脸上的伤疤根本不算什么。"如果情况正好相反，朋友脸上有一个大的伤疤，而且是一个非常有才华的人，那么在相亲时就应该单独前往，以免朋友抢了自己的主角光环。

单独评价和比较评价在生活中的应用范围很广，它们可以在不同的环境和状态下灵活使用和切换，确保自己形成最合理的策略，达到满意的结果。将相亲策略推广到生活和工作的其他方面也是成立的，比如广告商通常会对自己的某款产品进行宣传，这个时候就可以考虑是不是要连带推出另一款产品进行对比。一些手机商在推出自己的旗舰产品时，往往会拿出自己的另一款普通产品进行对比，这样就可以突出旗舰产品的优势。

当然，很多时候利用自己的产品作为参照物会对参照的产品造成伤害，因此商家会选择将自家的产品和别家公司的商品进行对比。这种对比通常可以在营销渠道的选择上进行，比如当手机商意识到自己的产品比其他商家的同类型产品更占优势时，就可以选择在同一个销售渠道进行销售，这样就方便消费者直接进行对比。反过来说，如果自家的商品缺乏竞争优势，那么就要尽量避免直接和其他商家的产品交锋，选择与对方不一样的营销通道。就像手机展销会一样，如果在展销会上直接将自己的劣势产品与别人的优势产品放在同一个柜台上，那么无疑会让自己陷入尴尬的处境。

如果两个手机商的产品质量都很好，卖点十足，那么就要避免在同一渠道销售，因为当双方都足够优秀时，消费者可能会进行对比，而在对比的过程中会抵消掉部分优势，消费者会觉得"这个产品也并没有想象中的那么优秀"，与此同时，产品缺点则会在对比中不断被放大，这样对双方都不好。如果两家的产品都不好，如果单独销售就会暴露出自身硬件实力不足的缺陷，如果放在一起比较的话，消费者就会产生一种想法"这款手机看起来并没有那么差"。这样对两个商家都有利。

同样地，当某产品同时具备一些明显的容易评价的特征和一些难以评价的特征，并且容易评价的特征弱于其他产品，而难以评价的特征优于其他产品时，就要选择比较评价策略，即确保自己与其他产品放在一起营销。比如一款手机的外形并不好看，远远比不上竞争对手的产品，但是该手机内部的芯片却非常先进，这个时候单独销售就不是一个明智的选择，选择和其他产品一起销售，就可以凸显出自己隐性的优势。反过来，当对方容易评价的特征弱于自己，而隐性的特征优于自己时，就需要采取单独营销的策略。

　　总的来说，如果自己的优势比较明显时更加适合采取单独评价策略，如果优势不明显，而劣势比较明显时，更加适合通过比较评价策略来体现自己的优势。当然，具体情况需要具体对待，这样才能产生更为合理的策略。

鲜花为什么常常插在牛粪上？

在生活中，人们常常会发现一些奇怪的现象，很多长得漂亮的女人却找了个其貌不扬的丈夫，通常人们会说"真是一朵鲜花插在牛粪上"。许多人或许会觉得人人都有爱美之心，因此一定会选择那些漂亮的，比自己条件更好的对象，怎么会选择一些比自己丑好多的人呢？出现类似的情形当然不乏一些特殊因素的影响，比如丈夫虽然长得一般，但是有才气、多金，或者为人踏实，比较细腻，对待感情非常专一，给人很大的安全感，这个时候出现美女配丑夫的现象也就不足为奇了。

此外，从博弈的角度来看，在人人都追求比自己更好的另一半时，美女配丑夫的结果有时候是必然的。想要弄清楚这一点，可以直接将男女分成A、B、C、D四类进行分析，A类代表优秀，B类为良好，C类代表中等水平，D类代表差。

按照正常的择偶标准，女士通常都会更青睐于比自己优秀的男士，这就意味着男士不得不降低选择异性伙伴的标准，因为他们知道自己去追求同样阶层的女孩，成功的概率并不那么大，而且会面临失去其他追求者的风险。因此常规搭配应该是A男配B女，B男配C女，C男配D女，这样一来A女和D男轮空。尽管A女不乏其他优秀的追求者，但是这里存在一个现象，那就是由于A女过分出色，以至于大家都没有勇气去追她，所有的男人都会觉得这样出色的女人一定有那么多人追，而自己面临的竞争压力非常大，追求者会担心自己面临失败，一旦他们追上A女，支付（利益、效益、目标）固然会非常大，可是一旦失败，支付就会变成零，而在追求其他女孩或者被其他女孩追求时，支付虽然相对更小一些，但基本上都能配对成功。当大家都选择放弃的时候，A女就会陷入没人要的尴尬境地，并且和D男一起被剩下。

按道理说，A女和D男是很难联系在一起的，毕竟A女根本看不上D男，而D男也知道自己根本配不上A女，可是随着一轮轮搭配之后，一旦只剩下A女和D男，双方的想法会慢慢出现变化。

A女虽然心高气傲，可是却想快点结束单身的状态，而在没有多余选项的情况下，她只能委屈自己和D男接触，毕竟和D男在一起至少还有一点支付，这总比一个对象也找不到时支付为零要好，可以说选择D男本身就是一个打破"无人可嫁"这一尴尬局面的方法。

而D男原本就清楚，自己无论追求谁都没有太大的胜算，如今既然只剩下A女了，那么不妨试试，就算追不到也没什么损失（要么支付为无穷大，要么支付继续为零）。当双方的心态发生转变时，A女可能会允许D男追求自己，而D男也会毫不犹豫地接受A女，最终造成了鲜花插在牛粪上的现象。

如果进一步对人物的心理活动进行分析，就会发现这种搭配有一定的情感基础，因为对于A女来说，D男虽然不够优秀，但是通常会更加听话，在婚姻中愿意以她为轴心来转动，而且相对而言，也不用太担心他会吸引其他女孩的关注。对于D男来说，自己原本在婚恋搭配中处于最底层的群体，根本不占任何优势，如今有了一个非常漂亮的对象，他们也必定会珍视这样的机会。

这个搭配现象不仅仅存在于婚恋关系中，在生活的其他方面也随处可见，所有人几乎都在追求更好的东西，但是好东西往往是稀缺的，而这种资源的稀缺性不仅决定了竞争的激烈性，如果不调整自己的思维和策略，那么一部分人注定了会在竞争中一无所有，或者说注定要理想破灭，最后只能委曲求全接受一些质量不好的资源。

许多毕业生求职时也容易出现类似的情况，按照能力值来说，他们基本上都能找到最适合的公司上班，可是人都具备野心，都渴望进入更高的舞台锻炼自己，倘使有机会的话，他们更愿意进入更好的企业。比如按照能力值划分，本科生可能会选择民营企业，硕士生应该选择合资企业，博士生适合待在世界500强企业。可是由于每个人都是理性人，都在寻求更大的效益和支付，因此本科生想方设法选择合资企业，硕士生觉得自己可以挑战世界500强，而博士生认为世界前十的公司才值得挑战，因此拒绝了世界500强企业发出的邀请，可是等到各层级的企业都招满人后，博士生可能会陷入一个尴尬的境地，尽管他们未必会选择民营企业，但是由于错过了机会，而且面临着需要立即找工作来养活自己的压力，他们或许会降低自己的要求，选择合资企业甚至是民营企业，以防止自己的支付为零。

对于那些喜欢选择的人，人们通常会给出"高不成低不就"的评价，而这种高不成低不就的人往往都无法清醒地认识自己，无法给自己一个最准确、最合理的定位，做事不脚踏实地，只想着如何让自己爬得更高，但是这种期望可能会摧毁他们的工作和生活。

想要改变"美女配丑夫"这样的不利结果，那么"美女"从一开始就要踏踏实实地面对自己的生活，就要适当降低姿态、降低标准，选择一个最适合自己的对象，而不是选择自己最想要的对象。就像彼得原理中所提到的那样，每一个人都在趋向于爬到一个自己不擅长、不称职的岗位上去，他们无法在这个岗位做出什么成绩。而找一个最适合自己的对象其实就是一种资源匹配的表现，无论是生活中、婚恋中，还是工作选择中，如果每一个人都寻求这种匹配，那么自己的生活和事业将会变得更加合理与轻松，整个社会也会趋于平衡。

如果这样的现象出现在团队或者体系当中，那么管理者必须意识到可能存在不合理搭配问题，因此应该制定相应的规则和制度加以约束，确保每个人都可以在最匹配的岗位上待着，让资源的使用和匹配变得更为合理。

不要做爱情的囚徒

人们通常会将婚姻比作爱情的坟墓，但是从现实来看，它更像是爱情的一个囚笼，或者按照大作家钱钟书的说法，婚姻就像是围城，围城外面的人一直想要进去，而围城里面的人可能想要出来。从某种意义上来说，婚姻可能会成为囚笼，至少它会让每一个人都遭遇类似于"囚徒困境"那样的糟糕处境。

考虑到婚姻也并非牢不可破，男女双方很有可能会因为一些分歧或者矛盾而面临分手的挑战，因此将"囚徒困境"的理念套用在婚姻中也并非完全不合适，在爱情的囚徒困境中会出现这样的逻辑。

如果丈夫和妻子恩爱如初，没有变心或者背叛对方，那么两个人会恩爱下去，并且继续在一起生活。

如果丈夫爱着妻子，而妻子移情别恋，那么对于丈夫来说这是最残忍和伤心的事情，而对于妻子来说则是最大的享受，毕竟她找到了最适合自己的情人。

如果妻子爱着丈夫，但是丈夫喜欢上了别人，那么此时对于妻子来说这是最残忍和伤心的事情，而对于丈夫来说，是最大的喜悦。

如果双方都选择背叛对方，那么两个人就会各过各的日子，然后坦然地离婚。

在这四种逻辑中，可以发现一些有趣的现象，那就是当两个人一直相爱下去的时候，结局是最美好的，但问题在于当婚姻出现问题的时候，其中一方可能会选择撒谎，也许其中一方在外面有了情人，而另一方却还蒙在鼓里。或者任何一方都不知道对方是否会选择背叛自己，如果对方做出了背叛的行为，而自己仍旧傻傻地维持这份婚姻，那么就会成为那个最傻最痛苦的人。

从囚徒困境的分析可知，背叛对方是最好的选择，这样可以确保自己不会受到太大的伤害，毕竟背叛之后，自己要么背着另一半移情别恋（此时自己会有最大的享受，而痛苦的是另一方），要么双方都会背叛对方（此时自己和另一方都会寻找新的生活）。简单来说，无论婚姻生活是否真的让自己感到开心和幸福，恋人们最适合的决策都是背叛对方。

如果真的是这样，那么整个社会就彻底乱套了，因为按照这种爱情囚徒困境的指示，男人或者女人在面对婚姻生活时，根本不用对未来抱什么太大希望，只要选择背叛对方就行。这种思维和策略显然违背了社会道德，而且对整个婚姻体系造成摧毁。自然而然，这种策略是行不通的，也完全不符合现实生活的需求。

事实上，前面谈到的爱情囚徒困境只是一种一次性博弈的模式，背叛的策略也是一次性博弈的结果，而婚姻生活是一个重复性博弈的过程，丈夫和妻子会在日后的婚姻生活中多次接触，彼此之间的博弈也会一直重复下去，而正因为整个过程会重复进行博弈，那么无论是丈夫还是妻子都会根据对方的上一次策略来决定自己的行动，考虑到可能出现的报复性行动，丈夫或者妻子不会轻易选择背叛，而是千方百计想要保持合作的姿态，即选择继续相爱。在重复博弈之后，双方的感情会越来越深，对爱情和婚姻的忠诚度也会越来越高。

考虑博弈双方会依据对方的上一次行动来制定策略，那么想要维持好自己的婚姻关系，想要抓住自己的幸福，就需要做到以下几点：

首先是保持宽容，从博弈的角度来说就是妥协与合作的态度，这就需要人们对另一半的缺点和错误适当包容，不要用狭隘的、尖酸刻薄的语气来数落对方，如果一方对另一方的态度不够好，总是表现得小肚鸡肠，那么双方之间的关系肯定会越来越糟糕，在这种情况下，受到伤害的那一方有很大的可能背叛婚姻。

　　其次是保持善意，与宽容的态度一样，保持善意是个人对婚姻、对另一半的一种礼貌性行为，人们应当确保自己的每一个行为都不是以恶意伤害对方为目的的，当婚姻中存在更多的善意时，就会出现更多的善解人意，双方之间的关系也会越来越融洽。

　　再者，处在婚姻生活中的人为了防止对方背叛自己，就要拿出强硬的姿态，这种强硬是建立在包容和善意的基础上的，当对方表现出一些让自己不舒服的行为时，就会适当给予警告和反击，其本质就是告诉对方"我将会对可能存在的背叛行为做出有效的反击"。但是这种强硬并不是无缘无故的，而是出于对婚姻关系的尊重和维护。并且强硬的表态也是有分寸的，只要问题不那么严重，在很多时候还是应该保持适度宽容。

　　除了以上几个原则之外，还有一点也很重要，就是双方之间的交流应该简洁明了，简单来说，就是爱人之间应该坦诚和直接一些，不用那么多委婉的表达和弯弯绕绕的沟通。如果一方试图掩饰什么或者隐藏什么内容，那么就会对彼此之间的交流增加难度，而这最终可能会引起双方的误会，或者不能在第一时间内解决矛盾。只有保持简单明了的行事风格和沟通风格，才能够有效解决婚姻内部的问题。

　　对于婚姻生活中的人来说，摆脱爱情囚徒困境的方式并不困难，有时候也用不着那么复杂，关键的一点在于要对自己的婚姻足够尊重，要对自己的爱人保持坦诚，如果双方没有了幸福的感觉，那么就应当主动说出这种感觉。此外，婚姻生活需要双方共同经营，在日常生活中就要注重对婚姻的保护，更要注意对彼此的感情进行保鲜。

再亲密的关系也需要一定的私人空间

众所周知，陷入爱情中的两个人常常会表现得非常亲密，而且几乎形影不离，这种亲密度虽然会增加双方的幸福感，但过度亲密有时候会造成截然相反的效果。S女士和Z先生通过相亲认识，由于双方一见钟情，因此相处几天之后就陷入热恋之中，这样的发展速度让双方家长非常高兴，觉得好事将成，他们甚至商量着过几个月就把婚事办了。

对此，S女士和Z先生都没有表示反对，他们也对彼此的关系充满了期待。事实上，两人非常亲密，几乎每天都待在一起，无论是吃饭、看电影，还是逛街、阅读、旅行都腻在一起。朋友们看了都非常羡慕，两个人也觉得非常幸福。可是经过一个多月的亲密接触，Z先生渐渐感觉有些不太适应，因为他发现自从和对方接触之后，自己的私人时间突然少了很多。

Z先生平时工作比较忙，休息时间本来就少，因此一般会在周末出去钓鱼散散心，可是自从交上女朋友之后，他的周末被彻底占用了，而且就连平时下班回家也无法享受私人时间。过去下班时，朋友会打电话让他出去吃饭，或者去电动城玩几把游戏。但现在每次朋友打电话让他出去玩游戏或者喝酒，S女士就会让他待在家里陪自己，要么就央求他陪着逛街，他只能拒绝朋友的邀请。可是拒绝几次之后，朋友们也就不再联系他了。

更加过分的是，S女士开始偷偷翻看Z先生的手机，看看他平时都和什么人来往，有没有和女生聊天，这让Z先生感觉有些压抑和不适，他觉得自己的隐私受到了侵犯。可是S女士却振振有词地认为这只是因为自己太在乎这段感情了，不希望受到任何的干扰。她也希望能够了解Z先生的一切，而且她认为恋人之间不是应该坦诚吗？既然要做到坦诚，那么查看手机信息自然也就没什么了。

面对女友的无理取闹，Z先生觉得非常苦恼，一方面他真的非常喜欢S女士，希望能够好好经营这份爱情，并修成正果。但是另一方面，女友的控制欲太强，他感觉到自己完全被对方控制和占据了，就像自己完全成为了对方的私人物品一样，这让他觉得不自在。经过再三考虑，他还是选择放弃这段感情。

在这个案例中，男女双方之间的博弈策略出现了一些问题，确切地说是女友的博弈策略出现了问题。对她来说，也许进一步保持亲密，进一步拉近彼此之间的距离，是推动感情的最好方式，并且会认为这种行为会赢得对方的好感，但事实可能恰恰相反，因为她并没有意识到，虽然爱情需要更亲密的关系来维持，但它同样需要依靠距离来维持，保持适当的距离是有助于爱情保鲜的。

在心理学上有一个著名的刺猬效应：据说刺猬在过冬时，因为身体很冷，于是就会不由自主地相互靠拢来取暖，但当距离靠得太近时，刺猬身上的刺就会扎到它们的同伴，同时也容易被同伴扎伤。疼痛会迫使它们立即后退，然后彼此会再次慢慢靠近，并且寻找一个不会被刺伤同时还能相互取暖的安全位置。

同刺猬取暖一样，人与人之间的关系常常也是如此，离得太远的话，往往会越来越陌生，彼此之间的联系也会越来越淡。因此需要不断靠近，可是一旦靠得太近或者表现得太过亲密时，又容易产生摩擦和伤害。真正合理的博弈策略就是彼此都要懂得为对方留出一点私人空间，这样才不会造成互相伤害。

如果将爱情当成一种占有，包括对对方私人生活的占有，那么这份爱情本身就会变得很压抑、很脆弱，一个聪明的人懂得给予对方更舒适的生活空间，而不是假借亲密关系来剥夺对方自由享受生活的权利。因此，人们应该在保持亲密的时候做到适可而止，否则就容易被对方身上的刺扎伤。那么想要营造一个更加舒适合理的距离，爱人之间究竟应该怎样去做呢？

一种方法是在时间上间隔开来，避免两个人一天24小时都待在一起，这样做可以有效给双方留出时间处理私人事务，或者享受私人的时间。比如现在很多夫妻都会选择"周末夫妻""候鸟夫妻"的生活模式，平时大家都因为工作而各过各的，只有等到放松时才会花更多时间待在一起，充分享受甜蜜的二人时光。这样的模式往往可以营造出"小别胜新婚"的趣味，有效给夫妻感情保鲜。

另一种方法是在空间上将两人间隔开来，这种间隔主要来源于创造距离。通常的做法是双方都给自己留出一个私人空间，比如丈夫在心烦意乱或者工作的时候可以待在书房里，妻子可以给自己弄一个房间专门练习瑜伽。当每个人都有自己特有的空间时，就有了一个安静独处的机会。还有一种常见的空间隔离方式就是不要干扰对方的交际生活，无论是丈夫和妻子都有权利出去和朋友K歌、聚餐或者旅行，任何一方都不得随意干扰。这样双方就在保证享受婚姻生活、家庭生活或者二人世界的时候，可以抽出时间和自己的朋友待在一起。

很多时候，维持爱情或者婚姻生活，仅仅表达自己浓浓的爱意是不够的，还需要充分尊重对方保留自己的私人空间，要知道亲密往往是有限度和距离的，而爱情也是有距离的，这个距离既是一个缓冲带，也是一个创造新鲜感的源泉，失去了这段距离，任何接触和博弈都可能会变得生硬，都可能会制造不必要的伤害。

生活中的斗鸡模型

许多夫妻都会存在分歧，比如丈夫想要吃中餐，而妻子更加倾向于西餐，这个时候双方可能会因为分歧而进行讨论，这些分歧如果处理不当，可能会引爆彼此之间的矛盾，此时双方的情绪可能会失控并引发彼此之间的激烈"战争"，而这往往会影响夫妻关系。那么当双方产生分歧之后，人们通常是如何应对这一类家庭危机的呢？或者说应对这一类家庭危机的方法往往有什么呢？

想要了解这一点，可以先了解一下一个常见的博弈模型：斗鸡模型。假设甲乙两个人同时相向而行准备过一个独木桥，在独木桥每次只能通行一人的前提下，双方会在桥上发生四种情况：

第一种，双方同时往前走，互不相让，谁也不愿意退回去给他人让步，但是双方可能会因为发生争斗而一起掉入水中，这个时候双方都会丢面子。

第二种，甲方往前走，乙方选择撤退，这个时候，乙方丢了面子，但是没有人落水。

第三种，甲方主动选择后退，让乙方先行通过，此时，甲方丢了面子，同样没有人落水。

第四种，甲方和乙方同时选择后退，虽然没人落水，但是双方都丢了面子，而且双方还要重新约定谁先通行。

以上几种状况就是斗鸡模型，而作为一种博弈模型，第二种和第三种情况都达到了最优策略，它们对于整体的行动来说最合理，毕竟这样双方都可以顺利通过独木桥。而第一种会导致双方落水，第四种又会在浪费时间后重新产生"谁先走"的难题。

这个模型在生活中经常会出现，即便是感情特别亲密的两个人有时候也会因为选择问题而产生矛盾，这个时候如何决策与协调就成为了关键。比如当夫妻之间产生分歧的时候，夫妻双方同样需要面对斗鸡模型的问题。假设丈夫吃中餐的满足感是10，吃西餐的满足感是5，妻子享用西餐的满足感是10，吃中餐的满足感是5，那么夫妻双方获得食物满足的情况分为以下四种：

首先，夫妻之间互不相让，丈夫表态不愿意吃西餐，妻子表态不吃中餐，双方就可能发生争吵，最终双方吃饭的心情被打搅了，这样就造成了两败俱伤的局面，双方的满足感都为0，而且还导致夫妻关系僵化。

其次，如果双方都选择妥协，丈夫表态不吃中餐，而妻子也表态不吃西餐，双方形成妥协的局面，这个时候双方可能还要面对"究竟吃中餐还是吃西餐"的问题，或者说双方可能什么也不会去吃，这时候双方的满足感依旧为0。

如果一方愿意做出妥协，迁就另一方，那么就会出现这样两种情况，丈夫主动放弃吃中餐的机会，陪着妻子一起吃西餐。或者是妻子主动放弃吃西餐的机会，陪着丈夫去中餐馆一起享用美食。这两种情况下双方的满足感为15。因此一方妥协和放弃，而另一方坚持自己的目标，这时候会形成最优策略，整体的满足度最高。可以说当某一方选择主动妥协时，尽管这个结果对自己来说并不是最好的，但是对夫妻关系来说却是最好的。

斗鸡模型为人们解释了这样一个道理，那就是既然矛盾双方难以实现双赢的局面，那么其中一方应当主动牺牲自己的部分利益，尽管这种牺牲有时候是不情愿的，但是从长远来看，从整体来看，它会产生更为积极的影响，而这恰恰是对得与失之间关系的最好解读。

一个有趣的话题是，丈夫或者妻子有可能通过某种手段或者暴力来威慑另一方屈从自己的意志，这个时候同样会出现一方为另一方退让的局面，但是这种退让可能会让一方的满足感为10，但是另一方可能会降为0。此外，这种强制性的逼迫手段如果过分使用，本身就容易引发双方的激烈争斗，导致出现两败俱伤的局面。换句话说，夫妻双方无论是喜欢主动退让还是被动退让，都应该考虑到自己的行为对夫妻关系造成的影响，以及对自己带来的伤害。

事实上，逼迫性的妥协在竞争对手之间可能更容易出现，比如一家大公司和一家小公司在进行商业谈判的时候，双方可能会因为利益分配问题产生分歧，从实力对比分析，大公司完全可以使用硬实力来逼迫对方做出让步，接受合约中的分配方案。但是强迫行为意味着双方今后的合作会受到破坏，大公司甚至担心小公司破釜沉舟做出反击。为了避免出现这种情况，最合理的做法就是大公司应该做出适当的补偿，比如告诉小公司如果愿意接受让步的话，大公司愿意在其他方面给予小公司一些补偿，或者对方可以在下一次合作中提出一些更有利的要求。

提供补偿是确保一方能够主动让步的重要方式，企业之间的谈判往往是以利益补贴作为补偿基础，而在夫妻之间，补偿的方式往往更加侧重于情感上的维持，比如在丈夫主动放弃中餐后，聪明的妻子应该做出许诺"这一次，谢谢你陪我吃西餐，下一次我陪你吃中餐"。又或者妻子可以在当天给丈夫买一点小礼物。当丈夫获得额外的补偿后，双方之间的关系会变得更加密切，他也不会真正感觉自己因为让步失去了多少东西。

由此可见，在斗鸡模型或者斗鸡博弈中，博弈双方应该具有远见，一方需要主动做出让步，为双方之间的关系以及自己日后的利益做打算。而另一方需要进行换位思考，多替主动退让的人想一想，然后给予适当的补偿，这样就可以消除对方"不公平""不愉快"的体验，而双方都做出调整，这才是更为合理的决策。

爱的承诺：必须先付出更多的代价

现如今，中国的大龄男青年越来越多，很多人都无法找到自己的另一半，其中适婚男女性别的失衡是一个方面，还有另一个方面就在于如今的结婚成本太高，买车买房以及存款成为了男性结婚的最大障碍。

在很多地方，光是聘金就高得吓人，许多男性为了结婚常常会让整个家庭面临破产的危险。经常会有一些地方被曝光聘金太高，尤其是很多经济条件不太好的农村，结婚的聘金如今已经越来越高，动辄几十万的结婚成本让许多人失去了结婚的机会。也正是因为如此，人们对高昂的结婚成本叫苦不迭，对高额的聘金更是进行口诛笔伐，但这往往也只是道德上的惩罚。如果换一种思维，从博弈策略上来分析，高额的聘金似乎也有其合理的一面。

事实上也有很多女青年会主动接受那些身无分文的男性，即便男方无法给出车子、房子和高额的聘金，也没有优渥的家庭环境，但是爱情可能会让女性选择做出经济上的妥协。可是这样的爱情有时候是缺乏承诺的。或许男方会发誓"我将会爱你一生一世"，或者表态愿意"一辈子只爱你一个人"，但这样的承诺似乎太容易说出口了，根本不具备太多的约束性，因为这样几句誓言就嫁人，这对女性来说不保险也不理智。

男方为了表达对女方的爱，有时候需要付出更大的成本，而女方为了表明这些爱是值得相信的，也许对男方提出更高的要求，只有代价越大，才意味着这份爱的保障越大，或者说男方践行这份爱的决心越大。有时候人们会认为昂贵的聘金过于功利，会认为这是在讲排场，讲面子，但这恰恰也是一个合理的决策，是一种非常实用的博弈策略。

试想一下，如果一个男人什么也没有就娶了一个女孩子回家，不可否认两个人之间可能会获得完美的爱情，会有一段幸福的婚姻生活，但是对于多数人而言，这份爱情和婚姻未免来得太过于轻松，因此很难保证男人日后不会轻易丢弃这段幸福。对于女方来说也是一样，由于自己在结婚之前没有获得任何东西，因此她对婚姻也没有什么太多的承诺，有时候因为某件小事的争吵，就会迁怒于男方当初什么也没给过自己。

人们固然可以将高昂的彩礼当作是排场，甚至可以说是拜金主义，但同样可以说是一种付出的承诺，女方要求获得高昂的彩礼和高档的婚宴，目的就是看看男方是否看重这段婚姻，是否愿意为其付出。而对于男方来说，他也需要做出这样的证明，以表明心迹。

还有一点也很重要，当男方通过彩礼来展示自己对这份爱的执着时，已经向外界传递了这样一个信号："我喜欢这个女人，这个女人注定要成为我的妻子。"这样的信号能够有效击退那些潜在的竞争者，让他们知难而退。如果仅仅是口头承诺或者一些虚无的山盟海誓，恐怕也抵不过现实生活的变故，女方很可能会变心。

对于男方来说，高额的彩礼意味着一种选择上的限制，当男方付出这些钱和聘礼后，他实际上已经没有什么选择的余地了，也不可能在短时间内再去寻找另一段爱情和婚姻。换句话说双方之间的婚姻基本上已经定型，有关爱情的博弈也成为了二人之间的事情，可以说男方在物质上的付出成为了自己对爱情忠贞的重要验证。对于女方来说，也是一样。

由于付出了更多的成本，男方对爱情和婚姻的承诺就会更加重视，也会变得更加真实有力。一些人可能不太赞同将高额礼金之类的不良习气说得那样高大上，会认为这是道德上的一个污点或者说是对价值观的扭曲。但不妨换一个角度来说，一个人如果因为某场"交易"而支付了很大一笔保证金或者滞纳金，那么他对这场"交易"一定会非常看重。

这样的承诺也不仅仅停留在物质层面，鉴于爱情和婚姻在人生中的重要性，人们自然不会轻易做出许诺，也不会随随便便就对任何人做出许诺，对于男女双方而言，任何一个许诺都必须三思而行且郑重其事。支付昂贵的彩礼是其中一部分，还有一些承诺同样很重要，比如双方在婚前的一些协议，诸如财产的分割问题，诸如每个月将钱上交给妻子的问题。此外，男女双方带着自己的爱人初次见家长，这也是一种承诺，虽然见家长并不意味着双方就必须结婚，但却证明自己对这份感情做出了承诺，毕竟恋人没有带着其他人见父母。这种行为等同于恋人已经放弃了潜在的选择，或者说已经向另一方做出承诺"我已经选择了你"。而对于另一方来说，当他/她认同了这一次见家长的邀请，也就意味着已经认可了这段婚姻。

无论如何，承诺是生活中非常常见的一种形式，只不过在关乎婚恋生活时，往往会因为过于物质化而遭人诟病，但本书仅仅从博弈的角度来分析此事，的确证明了它存在的一些合理性，毕竟一个人只有对爱付出更多的东西，只有表现出更大的牺牲决心，才能够证明自己对这份爱的坚持和执着，也才会对自己日后的生活做出一种承诺和约束。只不过有时候做出这份承诺的成本太高，可能会导致爱情和婚姻生活变得过于沉重。

最优策略就是做出最适合自己的选择

在经济学中，有一个理论被称为"霍布斯的选择"，比如在一些穷乡僻壤，可供选择的食物可能只有一种或者少数几种，人们虽然希望吃到其他更美味的食物，但是在现实中却无从做出选择。又比如在过去很长一段时间内，由于经济发展落后，人们的服装比较单调，只有一样或者少数几样可供选择，人们根本无法找到更适合的。

霍布斯的选择实际上就是指人们只有唯一的选择，或者说人们除了做某件事外根本没有选择的余地，而有些时候，人们又将陷入选择过多而不知道该如何做出最佳选择的苦恼。在博弈理论中，有一个女王选夫的故事，女王拥有绝对的权力，而她所面对的是两个非常优秀的人选，其中一个人各项素质都很不错，而另外一个人则在某些方面更加出众。假设评选的各项素质包括智力、体质、外貌、才艺、忠诚、爱心、果敢、脾气等几个方面。

第一个候选人的智力为9分、体质为7分、外貌为10分、才艺为8分、忠诚为8分、爱心为7分、果敢为8分、脾气为7分，总分为64分。

第二个候选人的智力为7分、体质为8分、外貌为8分、才艺为5分、忠诚为10分、爱心为9分、果敢为5分、脾气为9分，总分为63分。

经过对比，女王似乎应该选择总分更高的那个人，但是情况往往并没有那么简单，虽然第二个人的总分更低一些，但是他的某些优势非常明显（第一个候选人的素质比较平均），这些突出的优势会让他显得更具魅力。

因此对于女王来说，选择的难度比较大，是选择总分更高还是素质更加突出的人呢？或者她更期待选择一位各方面都无可挑剔的优秀男人。这样的难题在日常生活中也很常见，一个女人常常需要在两个表现不错的男人之间进行选择，有的男人可能看起来没有什么特别的缺陷，各项表现都能够达标，而有的男人可能缺点优点都很明显。那么人们应该如何做出最合理的选择呢？对于这个问题并没有一个标准的答案。

通常情况下，人们可以选择一个评判的标准，比如这个女孩更加看重智力和才艺，更加看重身体健康，或者更加看重忠诚与脾气，这样对日后的婚姻生活和夫妻关系有很大的帮助。这种偏向于某一素质的选择方式往往和个人的性格有关，当然，这种选择可能并不是最优的。

从博弈的角度来说，将不同的策略综合起来考量是非常不错的选择，比如女人看重男人的某项指标，而且这个男人的总分也非常高，那么就可以选择这一类人。如果可以的话，她们还可以给所有的素质画一条及格线，然后选择某种素质最突出的那个男人。这些选择并不能帮助人们选择到最优的目标，但选择最优目标本身就很困难而且存在很多不确定性，毕竟人是复杂的动物，每个人都有可能存在自我包装、自我掩饰的情况，一个人的身体健康、外貌可能难以掩饰和伪装，但是类似于忠诚、脾气、爱心的素质往往可以伪装，如果两个人相处的时间不长，往往不能够真正做到彼此了解，随着生活的继续，另一半身上的很多缺点可能会不断暴露出来，原先的优点也会逐渐褪色。

在就业问题上，人们也容易出现这一类选择困难，比如某个留学生同时收到了两家公司的邀请。第一家公司能够提供不错的工资、奖金和其他福利，还能够提供住房，各个方面的待遇还不错，而且整体上非常适合新人发展。

而另一家公司虽然也能够提供住宿，但是住房条件一般，而且工资水平相对第一家公司也要低一些，不过由于竞争对手素质并不算太高（他的学位和能力都具有优势），公司内部的升职空间很大；公司还特别为他提供了非常好的发展平台。

第一家公司的整体条件比较好，但是第二家公司的发展空间更好，对于那些希望实现自我价值的人来说，工资住房之类的物质要求可能并不那么高，他们更期待公司的发展前景以及自己在公司内部的发展前景。所以决策者在做出选择的时候应该根据自己的需求来制定相应的策略，决定是追求整体条件更好的公司，还是选择迎合自己最大需求的那家公司。当然，从选择的角度来说，如果一家公司的总体评分很高，而且应聘者所期待的那些因素得分也不错，那么同样可以选择这家公司。

无论是婚恋中的选择，还是就业问题，其本质不是选择一个最优的策略，而是选择最适合自己的策略，这一点至关重要，实际上在整个博弈理论中，最优策略往往是理论上存在的东西，在现实生活中最优策略往往不存在或者不容易出现。

人们通常都会说"我要选择一个最好的爱人，他在各个方面都最优秀"，或者说"我要选择一份最好的工作，它必须能够满足我所有的期望，并且所展示出来的优势必须非常全面"。但是所谓的最优策略和最优选择往往不存在，以个人的最高期待来衡量自己所做出的选择往往会陷入困境。决策过程或者决策本身只要适合自己，那就是合理的，这才是真正意义上的"最优决策"，尽管它们并没有一个固定的标准，但事实上每个人都可以依据自己的实际情况做出选择。

合理选择优势策略与劣势策略

　　博弈双方有时候具有行动上的先后顺序，有时候则是同时进行，所谓先后顺序实际上指的就是一方对另一方的行动做出反应，就像人们下棋一样，一方先走一步棋，另一方才能针对性地下棋。

　　在这样的博弈模式中，每一个参与者都必须具备惊人的观察能力和分析能力，他们必须向前展望，想方设法通过对方的行动来评估意图，并进行推理，决定自己应该如何应对。在整个模式中，参与者会进行线性推理："假如我这么做，对方就会那么做，接下来我应该这么反击。"每个人的行动都取决于对方上一步的行动。

　　除了先后顺序之外，同时行动的博弈模式往往难度更大，由于双方是同时行动的，因此没有任何人可以了解对方究竟在想些什么，或者了解对方的计划。在这样的状态下，博弈双方无法通过观察对方的策略行事，只能着手去猜测与分析，直到洞穿对方的策略。在这个时候，仅仅设身处地地去了解对方的想法和行动并不能带来太多有意义的指导，何况对方通常也会进行换位思考。为了掌握主动权，人们不得不在博弈的过程中担任两个角色：自己与对方。即认为对方该如何看待自己以及自己会如何猜测对方，并且这不是简单的线性推理，而是一个循环"假如我觉得他会这么去想，那么我认为自己就应该这样去想"，这是一个类似于"我认为他会认为我认为……"的模式，而博弈的诀窍就在于打破这个循环，并找到双方最佳的行动模式。打破这个循环的第一种方法就是寻找优势策略，简单来说就是寻找一种比其他策略更具优势的策略。

两家相互竞争的科技公司准备发行新的产品，根据市场的需求来看，智能手环与智能眼镜是非常好的选项，不过为了确保整个竞争对自己更加有利，两家公司不得不设想对方在推出新产品时的选择。而在此之前，有人对市场做了调查，发现30%的人喜欢智能手环，而70%的人更喜欢智能眼镜。

现在第一家科技公司会做出推理：如果对方决定生产智能眼镜，那么我就生产智能手环，这样就能获得整个智能手环市场的消费者，即30%的人。一旦我也决定推出智能眼镜，那么双方可能会平分市场，即各获得35%的消费者。通过对比可以发现，此时推出智能眼镜对第一家科技公司更加有利。

如果对方决定生产智能手环，而我也生产智能手环，这样就能获得整个智能手环市场一半的消费者，即15%的人。一旦我决定推出智能眼镜，那么我就可以获得70%的消费者。通过对比可以发现，此时推出智能眼镜对第一家科技公司更加有利。

通过这两种推理，第一家科技公司很容易就得出一个观点：那就是自己应该优先选择推出智能眼镜，无论对方选择什么产品，自己的这一策略都比其他策略更占优势，而这就是第一家科技公司的优势策略。当然对于第二家科技公司，这同样是优势策略。

优势策略的优势是指这一策略对自己的其他策略占有优势，而不是比对手的策略更占优势。优势策略是针对自己的，无论对手采用什么策略，某个参与者如果采用优势策略，就能获得比采用自己的任何其他策略更好的结果。还有的人认为一个优势策略必须满足一个基本条件，那就是采用优势策略得到的最坏结果也要比采用另外一个策略得到的最佳结果略胜一筹。

对于多数人来说，选择优势策略是优先考虑的事情，因为这对于自己来说是最稳妥的一个选择。有时候，博弈双方会存在一种策略失衡的局面，即一方拥有优势策略，而另一方不具备优势策略，这个时候选择优势策略应该成为一种常规操作形式。

人们倾向于寻找优势策略来帮助自己掌握主动权，但是并非所有的优势策略都值得把握。不过在囚徒困境中，犯人同样运用自己的优势策略：坦白。结果导致双方一起陷入倒霉的境地。此外，在一些博弈中，可能并不存在所谓的优势策略，这个时候，人们要做的就是想方设法剔除所有劣势策略。劣势策略是指一个劣于自己其他任何策略的策略，使用这个策略将会让自己在博弈中变得更加被动。假如人们有一个劣势策略，应该避免采用，并且知道他的对手若是有一个劣势策略也会尽量规避。

在寻找劣势策略的时候，人们需要对所有的策略一一进行排除，这种排除可以进行比较和筛选，简单来说，就是在一大堆策略中选择更占优势的那一个，排除掉更加劣势的那些。等到对方做出回应时，人们在下一步的博弈中再次进行筛选，在众多策略中选择那些更占优势的策略，如此一步步挑选下去，人们通常可以在这个筛选的过程中找到一个更加适合自己的策略，即便最后出现了势均力敌的局面（两个策略不相上下），至少也降低了博弈的难度。这是一个简化博弈的有效方法，可以避免人们在没完没了的策略推演中迷失自己。

无论是优势策略的选择，还是劣势策略的排除，都是为了尽可能地寻求建立优势的机会，而这些机会并不是通过固定模式建立起来的，正如前面所说，有优势策略的话就要尽量选择优势策略，没有优势策略的话可以选择排除劣势策略，避免自己做出对自己不利的决策，这种优势并不一定会带来最佳的收益，但是却能带来最稳妥的收益。

第四章

博弈的两种常见模式：竞争或者合作

在日常生活中，经常会出现类似的情况，在寻求开放式的合作目标过程中，人们通常会遭遇不同的对手，当一方与多方进行博弈时，虽然表面上是合作，但是却需要意识到自己与对方的合作关系，以及其他潜在合作对手之间的竞争，只有将这些因素全部综合起来考量，才能制定更为合理的策略。

低价策略也会传染

　　众所周知，无论是企业还是商家都是以赢利为目的的，而赢利的方式主要有两种，一种是尽可能多地卖出产品，一种是尽可能多地提高价格，前者注重产品销售的数量，或者说注重市场的开拓，为了达到这个目的，商家甚至可以采取薄利多销的方式获得更多的利润；后者更加看重单位产品的赢利空间，通常和产品的特性和竞争优势有关。

　　通常情况下，商家更倾向于提高单位产品的价格，但是这种高价策略建立在商家具备竞争优势的基础上，或者如同前面所说的那样，商家会故意通过高价策略来迷惑和误导消费者（这么做存在很大的风险，多数竞争者都不具备这种勇气，而且它们不能保证自己的信息不会被消费者和竞争对手知道）。但是在现实生活中，由于竞争对手的干扰，商家在出售自己的产品时容易面临严酷的竞争，而这种竞争环境会导致商家的销售量以及销售价格都受到影响。原因很简单，当出现更多的商家时，消费者有了更多的选择，因此压力会转移到每一个商家身上。

　　比如，某个企业最先进入市场，这个时候它的产品出货量很大，价格也可以定得很高，可是随着更多的竞争者进入市场，这个企业优势不再。它的价格无法提升，因为一旦增加了价格，这家企业就会在竞争中失去优势，其他的竞争对手会因为低价而获得更多的市场和消费者。除非竞争者之间可以达成协议或者默契，大家一起提价，这个时候整个市场上的同类产品都会提价，因此消费者最终还是不得不购买产品。在这种情况下，所有的企业都会从中获益。不过很多时候，高价并不会长期维持下去，因为高价代表着高利润，因此会有更多的竞争者进入市场，这个时候原有的供需平衡就会被打破，从而造成各家企业利润受损。此外，即便没有更多的竞争对手进入，某些企业也会试图保证自己利益最大化，它们不会轻易相信其他竞争对手，反而会试图通过降低价格来维持自己的优势。

降价是一个最直接的创造优势、刺激销售额的方法，比如这家企业将原先的产品定价抬高之后，将会多获得200万元的利润，如果对手们也抬高到同样的价格，也会多获得200万元的利润。但是这家企业会认为市场最终会慢慢饱和的，高价策略最终将难以维持下去，因此不妨先降低价格，这样就可以占领更多的市场份额，所以它不仅没有抬价，而是采取了降价策略，结果销售额疯狂增长了60%，这多创造了600万元的盈利，而其他竞争对手则因为销量受到了影响，利润变成了100万元。

降价使得这家企业成为了市场上最大的赢家，但是其他竞争对手肯定不甘于市场被人夺走，不甘于原有的平衡被打破，为了追求更大的利益，它们也纷纷寻求降价，这个时候大家的价格又维持在了同一水平上。当所有企业都降价后，大家的利润又开始趋于一致，但是相比于抬高价格或者保持正常价格时，利润已经下降了一些。

当利润被压缩之后，企业又会想方设法给自己增加利益，此时增加价格已经不合适了，一方面消费者适应了低价位，盲目升高价格会打击消费者的欲望，这样对产品销售非常不利；另一方面，企业抬高价格之后，其他对手选择不抬价，那么自己将会丧失更多优势。既然抬价不适合创造利润，那么又会回到之前的情况当中，某家企业会率先进行降价，这个时候它可以通过降价获得更多的利润，不过降价策略很快会传染给其他对手，其他企业也会以这种方式赚取利润。

随着降价再次发生，整个竞争会进入一个不断降价的循环之中，而价格会一降再降，这样就会对整个市场造成严重的冲击。尽管每一个企业都知道降价会损害自身利益，尤其是当价格不断逼近成本价时，企业面临的压力会越来越大，而一些竞争力更大一些的企业会想方设法通过低价策略来压缩对手的利润，迫使对方退出市场，从而达到重新洗牌的目的。这也是为什么现如今很多企业在竞争激烈的市场环境中会大打价格战，它们更加擅长红海战略。需要注意的是，很多时候降价会达到成本价，这个时候会有一大批企业面临倒闭的境况或者直接宣布退出市场，而少数实力强大的企业可能会存活下来，然后它们会重新控制整个市场，并制定新的游戏规则和市场价格。红海战略往往是一种比较低端的竞争法则，也是一种比较惨烈的竞争法则，一旦实施不当就会越陷越深，最终给企业造成很大的负担。

如果对这一类市场竞争行为进行分析，就会发现多数情况下，参与者所做出的最好策略就是观察竞争对手的价格，然后制定出针对性的策略，但是出于自身利益的考量，当一方决定抬价时，多数情况下，另一方很有可能不会抬高价格，反过来说，当一方降低价格后，另一方也会跟随着降低价格，而这种模式往往会将参与竞争的各方引入到价格战当中，或者说当价格开始出现下降时，降价措施可能会出现传染并引发价格战。

很多时候只要跑赢你的对手即可

"你的工作如果不够出色，那么就可能会被公司淘汰""如果你的企业不够出色，就会被市场淘汰"，很多人都听说过这些话，通常情况下，人们会将竞争体系和自己联系在一起，但问题在于工作不够出色的人未必会被公司淘汰，只有那些做得最差的人才最有可能被淘汰出局。那些表现不够出众的企业也未必会倒闭，只要它们在市场上找到那些比自己更差的企业即可。

著名的通用电气公司曾经推出一套名为"活力曲线"的淘汰制度，公司依据员工的业务能力和考核成绩将内部的员工分成A、B、C三大类。其中A类代表的是20%的能力最强且业绩最突出的人才；B类代表了工作能力尚可的普通员工，他们大约占据了70%的份额；C类员工代表了那10%业绩最差的员工，这类员工最终要被公司淘汰。

这个制度能够有效激活内部的竞争意识，能够提升员工的整体水平，并保证公司可以持续保持强大的竞争力。但对于某些人来说，这种激励是有限的，比如许多普通员工会这样去想："反正我的能力和水平就在这一档上，无论如何也追赶不上那些精英人才了，因此我的策略是保住自己的地位，只要避免不被那些差员工追赶上就行了。"他们的策略很简单，就是想办法对那些最差的员工保持自己的优势就行，而没有必要去追赶第一名，从某种程度上来说，这些普通员工的心态并没有受到太多影响，他们中的很多人不可能变得更好，也许只是不希望自己会变得更差而已。

有的人或许会问，普通员工难道知道哪些人是最差的吗？最差的成绩又是多少，他们需要做到怎样的成绩才能避免沦为最差？其实弄清楚这些问题并不难，因为每一期的业绩考核表上都会显示出来，而且每个员工对自己归于哪一档肯定也心知肚明。只要多分析一下最差员工的工作业绩和状态，就会得出一个大致的数据。

因此在整个竞争体系中，其实竞争状态并没有想象中的那么激烈，精英分子的优势比较大，因此他们并不担心自己会掉队。最差的员工动力最足，警惕意识最强烈，他们才会拼命往前爬，他们的目标通常也锁定在普通员工身上，因此普通员工会成为最大的障碍。至于普通员工也有一定的优势，他们会抱着"比上不足，比下有余"的想法，竞争意识也并不那么强烈，但是自始至终他们的策略却很到位，也比较实用。

想要更好地理解这一点，可以先看看一个经典的寓言故事。有两个人去非洲狩猎，结果遇到了一头愤怒的雄狮，其中一个人显得非常绝望，他问同伙现在应该怎么办，同伙意志坚定地回答："逃跑。"这个人失望地说："你为什么要跑呢？要知道人是不可能跑赢狮子的。"逃跑的人则回应说："是的，人是不可能跑赢狮子的，但眼下这种情况，我只要跑得比你快就行了。"

在这个故事中，这个聪明的逃跑者顺利地对博弈内容进行了转化，将自己与狮子的博弈转化为自己与同伴的博弈，既然跑不过狮子，那就通过跑赢同伴来摆脱狮子的追踪。而在前面的例子中也是如此，按照公司的说法，公司内部的每一个人都有可能被淘汰出局，这当然是公司的权力，但是对任何人来说只要确保自己不会成为最差的那一批人，那么就可以免遭淘汰。这个时候，员工与公司的博弈被彻底转化到员工与员工之间的博弈上。

通过转化，人们在博弈中可以更加清晰地把握事情的本质，而这种把握可以帮助人们制定更为明确的策略。在日常生活中，类似的情况有很多，比如在一些竞技活动中，人们想要获得晋级，那么最佳的方式就是寻找那些能力最差的对手，或者是专挑那些软柿子下手，而不是盲目地向任何人发起挑战。在市场上，如果同类型的企业过多，那么市场往往会淘汰掉一批竞争力不强的企业，对于那些有一些竞争力的企业来说，不要盲目挑起与大企业之间的竞争，而应该将目标放在那些实力不足的小企业身上。

在2001年和2002年的时候，中国互联网迎来了一次寒冬，当时整个互联网行业都不景气，但是马云对此并不担心，他提出了"胜者为王"的观点，在他看来，互联网的寒冬虽然会带来严重的困难，但不会摧毁所有的企业，阿里巴巴只要比其他一些不能够坚持下去的企业多坚持一会儿，就可以熬过这个"冬天"。事实也正是如此，阿里巴巴并没有想着如何同不景气的市场作斗争，而是将目标聚焦在了那些不具有耐力的企业身上，只有这些对手不断退出，阿里巴巴才能够迎来更好的发展前景。马云后来回忆说："在最困难的时候，所有人都坚持不下去的时候，我比别人多坚持1分钟。"而这就是他制定的博弈策略，简单实用，而且相对比较安全。

总而言之，这种博弈策略的一个最关键点就是找到那些相对脆弱的点，然后进行博弈，例如工作中表现最差的员工，市场上竞争能力最差的对手。这是简化博弈模式，明确博弈对象和博弈方向，并制定高效博弈策略的前提。

领先者的跟随策略

在竞争中，保持领先地位的人往往会具备一定的心理优势，因此很多人会认为领先者通常会按照自己的策略行动，以确保自己的优势能够继续下去，可是心理学家却发现一个现象，那就是很多领先者并不会专注于自己的策略，而是将目光始终放在那些追赶者身上。

比如在帆船比赛中，那些成绩领先的帆船并不是一直都继续执行自己的领先策略，领先者会将目光锁定在落后自己的帆船身上，一旦落后的船只改变航向，那么他们也会选择同样的方式。有时候，即便落后的帆船所采取的策略非常低劣，领先者依然会选择照做。为什么会出现这种奇特的现象呢？原因就在于操控帆船的人意识到一个问题：一时的领先并不能代表最终的胜出，为了确保不会轻易丧失领先优势，那么最好的办法就是看追赶者怎么做，选择与追赶者一样的方法往往可以占据更多的主动权。

比如现如今最火爆的IT行业，国内市场就存在诸如阿里巴巴、腾讯、百度之类的巨头企业，在国外市场上也有亚马逊这种巨无霸，这些大型企业无论体量、技术、资金、推广能力、品牌影响力都是市场上首屈一指的，对于其他公司尤其是初创型公司来说，想要撼动它们的地位往往很困难。这些企业在竞争中看起来应该是高枕无忧的，但令人感到意外的是，很多初创型公司的创意和发展模式常常都会被这些巨无霸复制和抄袭。听上去有些不可思议，可是对于这些大企业的领导者来说，抄袭和复制落后者的创意和发展策略，这本身就是一种确保竞争优势的重要方法。

如果对阿里巴巴或者腾讯这一类公司的发展进行分析，就会发现它们的发展速度和扩张速度非常惊人，而在那之前它们也是行业内的落后者和追赶者，只不过借助互联网的发展势头，它们按照自己的发展理念和发展模式快速实现反超。由于互联网行业的发展空间很大，这种反超的机会很大，如果领头羊的企业稍不留心就有可能被后来者赶超。为了保险起见，大企业通常会采取模仿和复制后来者的创意的方法，避免对方找到一些新的发力点。

将视角放大之后，就会发现诸如互联网和零售行业，那些保持领先地位的大型企业最喜欢采取照搬追赶者发展理念的策略，它们会和追赶者"针锋相对"，而这么做的原因非常简单，那就是可以最大限度地发挥"规模经济"和"范围经济"的作用。

所谓规模经济，简单来说就是随着规模的不断扩大，用于提高产品供应量和服务供应量的边际成本会不断降低。在大型互联网企业中，各类软件开发和应用工具的研发会消耗巨大的成本，但是研发成功之后，运行和操作的成本并不高，有很多软件甚至可以做到零成本发放。此外，互联网企业本身就是依靠流量和人数优势生存的，对于大型企业来说往往拥有很大的客户流量和忠实的消费群体。当拥有如此庞大的用户资源时，企业复制对手的产品就可以先对手一步迅速扩散出去，并借助成本优势迅速占领和垄断市场。阿里巴巴最近几年一直都在各个领域内扩张，从电子商务到物流，从金融到外卖再到共享单车，它每一次都可以轻松复制对手们的发展模式，然后借助庞大的用户群体垄断整个市场。

所谓范围经济是指随着企业产品和业务的增加，各项业务和产品的经营成本要比单独运作时低很多，这一个优势在互联网企业中同样明显，毕竟像底层代码和服务器之类往往可以实现通用，或者只要稍加修改就可以在此基础上开发新的产品和服务。这样就使得企业可以在各项软件开发商运用自如，而不必承担更多的成本，这种高效也决定了它们可以在照搬他人模式时抢先一步。

通常情况下，其他行业一些领头羊公司同样会采用跟随跟随者的策略行事，它们可以依赖所拥有的行业技术优势、资金优势和市场优势来试试这个跟随策略，可以依赖规模经济和范围经济保障自己的灵活应对能力。但是有时候落后的一些企业为了改变现状，会想方设法做出重大调整，开创一些与众不同的模式或者研发颠覆性的产品来实施不对称竞争，或者试图实现反超。面对这种局面，领先者的规模经济和范围经济可能无法发挥出太大的作用，毕竟没有任何一家企业可以兼顾全局，可以在方方面面都有所发展，而这个时候盲目采取跟随策略可能会让自己陷入困境。

所以在面对对手一些不确定、风险很大的行动时，领先者更应该依据自身的能力和处境进行冷静的分析，要正确评估自己是否值得跟随，千万不要被对手牵着鼻子走。毕竟小企业在改变方向时的灵活性更强，而大企业一旦轻易做出改变，想要再改变回来可能会付出更大的代价。

此外，跟随跟随者的博弈策略的局限性也很明显，当竞争对手超过两个之后，领先者有时候就会出现选择上的困难，因为不同的追赶者存在不同的追赶策略，领先者只能跟随其中一种策略。通常情况下，人们会选择离自己最近的跟随者，但这也不一定就很保险，因为一些潜在的追赶者可能会后程发力，如果误判了他们的策略，那么就可能会被对方赶超。

展开合作项目，需要做到诚实

一家生产螺栓的公司与一家生产螺母的公司进行合作，在合作开始之前，两家公司彼此之间都知道对方拥有低、中、高三种成本，其中生产螺母的公司所产生的成本为180万元、240万元、300万元，而生产螺栓的公司所产生的成本为360万元、480万元、600万元。双方经过计算，发现整个合作项目预计可以创造780万元的利润。

接下来两家公司会对项目是否值得合作进行评估，简单来说整个合作所获得的利润是否多于双方的成本之和。而在计算双方的成本时，会存在9种情况：180＋360，180＋480，180＋600，240＋360，240＋480，240＋600，300＋360，300＋480，300＋600。

经过分析，当生产螺栓的公司出现最高成本600万元而生产螺帽的成本在中成本或高成本时，总成本大于总利润。因此在双方洽谈业务的时候，一旦生产螺栓的成本达到了600万元，或者生产螺栓的公司刻意夸大成本，声称自己的成本达到600万元，那么双方的合作就没有必要了。因为一旦生产螺帽的成本在中成本或高成本时，总成本大于总利润。

当生产螺栓达到600万元这个最高成本，而生产螺帽的成本控制在180万元的最低水平上，或者当生产螺栓达到480万元这个中等水平的成本上，而生产螺帽的成本控制在300万元的最高水平上时，双方的总成本也勉强等同于总利润，这样的合作项目也没有继续的必要。

一些人或许会这样去想，只要两家公司的总利润扣除两家公司的成本后按照正常的1∶2的比例去分配利润就行，可事实上这一招也行不通。举个最简单的例子，生产螺帽的公司真实成本为低水平成本180万元，但是它却谎称生产成本达到240万元，而生产螺栓的成本是低水平的360万元。这样一来，两家公司的总成本就是540万元，780－540＝240，因此生产螺帽的公司将会分到80万元，而生产螺栓的公司将会分到160万元。但由于生产螺帽的公司一开始就多报了60万元的成本，因此它获得的利润分配实际上为80＋60＝140万元。

许多公司都会虚报成本，而夸大成本通常都非常简单，比如公司往往有好几种业务，而每一种业务都会产生正常的经营管理成本，公司可以将这部分成本的一部分转嫁到各个项目上，类似于夸大经理们的工资和抬高其他开支都是不错的方法。如果明确规定抬高的成本应该由公司从自己的收入当中支付，那么通常就不存在抬高成本的诱惑。而一旦成本是由一个合作项目（双方共同经营的项目）的收入进行补偿，各方就可能会产生欺骗对方的动机。

同样地，对于生产螺栓的公司来说，它同样可以通过虚报成本来提升自己的利润分配。不过相比于生产螺帽的公司，由于它处在高水平成本时整个合作没有必要继续下去，因此在成本位于低水平的时候宣称成本达到中水平才是一种优势策略。

一旦双方都在说谎，那么就导致整个合作项目在开发阶段容易处于无利润可挣的尴尬境地，而一旦双方都意识到这一点，合作就不会产生。

还有一些人主张直接按照1∶2的比例分配利润，即生产螺帽的公司获得260万元利润，而生产螺栓的公司获得520万元的利润，可这种分配方式存在很大的问题，因为当生产螺帽的公司达到300万元这个高水平成本时，分配到的利润竟然比成本要少，这样自然会引起公司的不满，整个合作就会作废。

一个比较可靠的激励方式就是其中一家公司补偿另一家公司的成本，以生产螺栓的公司为例，如果它打算将合作项目继续下去，就需要补偿生产螺母的公司的成本，然后保有余下的全部利润。无论双方的成本总和是否少于利润目标，生产螺栓的公司都将决定继续下去，它的收入为总收入减去自身开发成本，再减去对生产螺母的公司的补偿之后的数目。这个激励机制能帮助生产螺栓的公司做出有效决策的激励。

在实施相关激励时，需要知道生产螺母公司的成本，而正确的方式就是双方同时宣布成本数字，并且应该做出明确的规定，只在成本之和低于利润目标的前提下，双方才同意将这个项目继续下去。由于生产螺栓的公司保有补偿生产螺母的公司开发成本之后的全部利润，只要余下的利润高于它的真实成本，它就希望继续下去。

比如生产螺母的公司真实成本为180万元，那么无论生产螺栓的公司是什么水平的成本，都可以保证成本不会高于利润。此时，生产螺栓公司的收入是总利润780万元减去生产螺母公司的180万元，如果它自身的成本是360万元或者480万元，那么利润就超过了成本。如果生产螺母的公司真实成本为240万元，那么生产螺栓的公司的收入就是相减之后的540万元，这个收入仍旧比成本要高，合作计划仍然可以进行。一旦生产螺栓的公司夸大成本，项目合作就可能会取消，公司会失去挣钱的机会。反过来说，如果生产螺栓的公司真实成本为最高水平的600万元，但是为了促成合作，却瞒报为480万元，而生产螺母的公司真实成本却为240万元，这时候540万元的收入已经比600万元的成本要低出很多了，这样就会造成公司的亏损。

综合进行分析，实话实说才是避免出现合作机会取消以及合作产生亏损的基本方法，从这个角度来说，生产螺栓的公司会想方设法寻求降低双方成本的机会（因为公司的总现金流等于经营利润减去生产螺母的公司的成本，再减去它自己的成本）。同样地，生产螺母的公司激励措施是总利润减去生产螺栓的公司的成本，再减去自身的成本，只要利润超过双方成本的总和就行。可以说，整个激励机制实际上就是促使人们将自己加在对方身上的成本考虑在内。而通常情况下，加在对方身上的成本被称为"界外效益"。

在这种补偿对方成本的激励机制下，一方会认真关注两家公司的成本，并积极为降低成本出谋划策，这个时候它会从符合双方共同利益的角度采取行动。不过，实话实说是针对双方而言的，两家公司必须都拿出诚意，告知自己的实际成本，然后双方就可以制定合同，合同中必须指明双方能够有效合作下去的策略，同时约定什么情况下取消合作。

在日常生活中的博弈比这类策略还要复杂和麻烦，而这也是不同商业合作者之间需要面对的问题，毕竟他们需要制定更为合理的策略，来追求利益的最大化，同时保证双方的合作不会因此而出现问题。

增大对未来的预期

在谈到合作的话题时，可以联系到囚徒困境，比如囚徒之间如果进行合作，那么彼此之间就可以约定"同时否认罪行"，这个时候就可以达到帕累托最优。但事实上，如果囚徒困境不具有重复性，那么这种合作的可能性就很小，因为对囚徒来说，"背叛对方"才是最稳妥的方案。只有在重复接触的前提下，囚徒之间的合作才有可能出现，因为这样一来，参与决策的人就有机会去"惩罚"和"报复"前一回合不采取合作姿态的同伴，从而逼迫双方不断采取合作的姿态。

这种情况在其他合作领域同样存在，这里所提到的持续性接触通常是为了确保对未来做出一个相对准确的预判，简单来说就是增加对未来的预期。这种预期包括两个方面：第一个是预期的收益，即"如果我这么做，将会获得什么样的好处，将会收获多少利益"；第二个就是预期的风险和损失，即"如果我这么做了，将会受到什么样的惩罚，将会面临什么样的损失"。

两个人合伙做生意，如果只是一次性的合作，那么一方可能会存在占便宜的行为，在私底下将更多的收益划到自己的口袋中，将一些收益隐瞒起来不上报，在分配时故意多占用收益，又或者在合作过程中故意少出力或者不出力。一些风景区的商贩在和旅游者做生意的时候，也常常会打破"买卖公平"的原则，商贩会缺斤少两；会以次充好，贩卖假货；会出现强买强卖；

也会欺诈消费者。

他们之所以这样做就是因为这种接触是一次性的，他们不会对未来抱有任何希望，也不会产生任何顾虑，可以为所欲为地破坏彼此之间的合作。反过来说，如果两个合伙人彼此认识，双方之间日后还有更多的合作，即便不是在这项工作上进行合作，也要在其他事务上进行合作，这个时候任何一方都会对未来的合作形式进行分析，然后以此来约束当下的行为，确保合作的默契度和真诚。

同样地，如果商贩和消费者认识，或者说消费者是这个商贩潜在的回头客，那么商贩就不敢欺诈对方，因为欺骗一次只能做一次买卖，而保持诚信为本的原则则可以确保对方经常光顾自己的生意，长久性的收益比当前欺诈而来的收益无疑要高很多。

一个人在面对竞争或者合作时，都应该对未来进行评估，而且应该增加对未来的预期，而这些预期都和"还要见面"相关，从这一点来看，有关道德、法律、权力以及利益分配问题，其实都和"还要见面"有很大的关联。正是因为彼此之间的接触不是一次性的，博弈各方都会想方设法增加对未来的预期。

比如一家企业想要获得某块煤田的开采权，于是就不得不与另外一家对这块煤田志在必得的企业竞争，为了赢得煤田的开采权，这家企业的管理者可以使用恫吓的手段警告对方退出，或者使用一些阴招来打击对方，让对方知难而退。或许它可以在各种非正常竞争手段的干扰下获得最终的开采权和经营权，但是考虑到对方可能会在接下来的日子里伺机报复，或者在暗中搞破坏，影响企业正常的运营，甚至于对方会在其他领域发起反击和报复，这些毫无疑问都会让这家企业承受巨大的风险和损失。

一旦这家企业有了这样的担忧，它可能就会放弃独享煤田开采权的想法，转而与竞争对手寻求合作，双方约定共同开采这块煤田，共同分享这块利益的大蛋糕。这就是对未来风险的预期，而这种预期会减少人们背叛对方的欲望。

这家企业同样可以做出这样的预期："如果我放弃了独占资源的机会，与对方合作开采这块煤田，那么不仅可以降低成本，降低经营的压力与风险，还可以借此机会和对方形成更稳定的合作伙伴，这样一来双方就可以通过这一次合作为其他领域内的合作创造机会，与此同时还可以通过合作来结识对方的合作商，从而扩大自己的商业人脉。"这样的预期是未来收益的预期，这种预期有助于提高企业与其他竞争对手的合作意愿，同时丰富和完善彼此之间的关系。

增大对未来预期本质上就是强化未来对现在的影响力，而为了做到这一点，博弈双方的互动必须更为频繁，也就是接触的次数必须更多。通常情况下，一些企业会对合作对象进行筛选，选择少数几个值得接触的对象，这种限制方式有效提升了彼此之间接触的频率。举个更加通俗易懂的例子，商人会拥有自己的朋友圈，这个朋友圈通常都是相对固定的，只有少数的几个人会成为座上宾，因此在举办晚会的时候，商人通常会选择邀请这几个好朋友，大家接触的机会会很多。如果他邀请了一屋子的人，并且和谁都想要交朋友，那么彼此之间沟通的机会就会少很多。换句话说，当商人的朋友圈为5个人时，彼此之间的互动次数远远多于朋友圈为15个人时。

此外，将引发接触的事项分解成各个小部分，这样做不仅细化了合作方式，还为彼此之间可能存在的冲突设置了缓冲，更有助于增加互动频率。

X公司和Y公司进行合作，双方共同开发一个新产品，如果只是简单地约定合作分成，那么合作双方可能会出现一些分歧，这些分歧或多或少都会让其中一方感到不爽，并影响合作计划。如果X公司与Y公司愿意将合作事项分成几个阶段进行，比如第一阶段谈论资金投入问题，第二阶段谈论人才和技术问题，第三阶段谈论风险和责任分担问题，第四阶段谈论分配问题。将合作事项分解成各个部分或者阶段，无疑会细化合作，同时也可以确保双方在谈判过程中有讨价还价的余地——在这一阶段，某一方吃了亏，那么下一阶段就可以适当多提一些条件。需要注意的是，分期付款的模式也是分解接触过程的一种方式。

除了提升互动频率之外，另外一种方式就是确保博弈双方的接触时间更为持久，比如前面提到的商贩和消费者之间的接触可能只有短短的几分钟，这样短的时间是不可能让人对接下来的合作产生多少期待的。一些合作商在某些大型工程上可能会合作几个月甚至几年，这种持久接触有助于双方构建起基于回报的合作可能性，双方都会在接触中对合作充满期待。

无论是提升互动持久度还是提升互动频率，都是相互试探和了解的过程，也是信息博弈的过程，最终的结果都是为了帮助人们制定更好的策略。

生活中无处不在的攻防博弈

假设有两支队伍交战，守方有3个团共3000人的兵力，而进攻方有2个团共2000人的兵力，并且进攻路线有两条，这个时候守方把守两条道路的选择有四种：3个团的人把守甲道；2个团的人把守甲道，1个团的人把守乙道；1个团的人把守甲道，2个团的人把守乙道；3个团的人把守乙道。

而进攻一方的进攻方式有三种：2个团的人进攻甲道；1个团的人进攻甲道，1个团的人进攻乙道；2个团的人进攻乙道。

在交战双方都不清楚兵力部署和相应的交战策略时，守方通常会处在被动位置，为了保守起见，他们通常不敢冒险将3000人全部用来守住某一条路线，因此最常见的做法就是安排2000人守住其中一条道路，剩余1000人守住另外一条道路。

对于进攻一方来说，将兵力分开来攻打对方显然不合适，因此最有效的方法就是集中所有兵力攻打某一条道路，如果刚好选中守方力量薄弱的那一条道路，就会获胜。如果选中了守方兵力较为强大的一条道路，双方之间就会陷入苦战。

因此对于进攻的一方来说，在双方排兵布阵的信息都不明确的情况下，选择集中兵力攻打某一条道路是最合理的选择，这也是他们以弱胜强的一种方式，毕竟守方绝对不敢冒险将所有兵力安排在某一条道路上，由于兵力从一开始就被分散，这样就给进攻一方带来很大的机会。

从博弈论的角度来说，这就是掌握进攻主动权的好处，简单来说，就是兵力较弱的一方在面对竞争时，不能总是保持防守姿态，在了解双方之间必有一战的前提下，应该想办法采取主动进攻的策略，这样可以在一定程度上抵消兵力不足的弊端。他们可以想一想，如果战场的攻防博弈反过来，原有的进攻方变成了防守一方，而原先负责防守的一方变成了进攻的一方，新的进攻方拥有甲乙两条进攻路线，整个队伍可安排3000人同时进攻甲道，或者同时进攻乙道，这个时候无论新的防守方如何部署兵力，都难以阻挡对方的进攻。

掌握主动权就等于掌握了先发制人的优势，进攻一方可以决定何时发起进攻，从哪里发动进攻，在信息不确定的情况下，这种进攻会让对方陷入被动，对方必须想办法冒险下赌注。假设A、B两家电子企业发起了专利诉讼大战，其中B公司在芯片研发、外壳设计、软件开发、电池技术等方面都存在抄袭的嫌疑，A公司在媒体面前率先谈到了双方的矛盾，并且示意会发起诉讼，可是具体对哪一个方面的专利提起诉讼呢？是芯片研发方面的专利研究，还是产品外壳设计方面的研究？是软件开发上的专利诉讼，还是电池专利技术的诉讼呢？尽管A公司提到了诉讼，但是对于B公司来说，如果不清楚对方会针对哪个方面发起诉讼，那么自己也就无从收集相关的资料进行反驳，也许B公司可以尽量对有可能存在专利纠纷的几个部分都进行防备，但是在短时间内不可能集中精力做好所有事情。

正因为B公司无法预测到自己会在哪一个区域受到攻击，因此会显得非常被动，这也为A公司发起诉讼的成功创造了条件。在这里，A公司因为率先发起了诉讼，可以决定从哪一个地方发起专利战，以及什么时候发起专利战，发动专利战所投入的精力有多少，而这些都会对整个博弈结果产生影响。

专利大战只是生活中攻守博弈的一个缩影，在许多方面都存在类似的现象，尤其是企业之间。比如一家大企业占据了很多市场，并且一直都在努力防止潜在的威胁者攻破自己的市场，可是由于市场太多，公司在管理方面不可能做到面面俱到，在有限的资源条件下，公司只能对某些市场进行重点关注，自然而然，公司也不会冒险将所有力量部署在一个或者两个市场上。而这就是挑战者的机会，挑战者可以集中所有的力量去进攻大企业的某一个市场，而对方无法做好防守。这样一来，挑战者即便力量不强，也有很大机会攻破某个市场，只要他们的进攻力量比那个市场的防御力量更大就行。事实上，无论是华为公司冲破国外巨头企业的封锁，还是百事可乐冲破可口可乐的围堵，都是采用这个博弈原则，它们掌握了进攻主动权，而对方在防守中会因为力量必须分散而丧失优势。

需要注意的是，集中力量主动进攻并不意味着就能够掌握主动权，关键还要懂得利用信息不对称原则采取行动，即严格保密自己的行动，不要将行动信息透露给对方，一旦行动部署提前被对方知晓，那么就会使得对方集中兵力做好防守，这样就会增加很大的进攻阻力。为了增强进攻效果，很多人会选择释放烟幕弹，通过宣传一些假信息来迷惑对手，迫使对方做出错误的防守，这样就可以进一步为进攻扫清障碍。使用迷惑的手段往往是一种更为高效的方式，因为无论进攻一方如何缜密安排，在先天优势不足的情况下，想要创造绝对的进攻优势是不存在的，就像前面提到的军队交手一样，进攻一方在居于下风的情况下只有50%的成功率，进攻方还是存在一定的风险。而且即便在进攻中占据了优势，以更多的进攻力量对上更少的防守力量，恐怕也会承受一定的损失。如果选择使用迷惑性的手段，就可以引导对方做出错误的防守策略，这样不仅可以提升成功率，还能降低损失率。

总而言之，真正的攻守博弈往往并不是双方在信息明确下一招一式的公平争斗，不是"一方先出招，然后对方见招拆招"的套路，攻守博弈中的信息都被很好地隐藏起来，可以说隐藏信息成为了发动"主动进攻"的基本条件和铺垫。

如何阻挠新的挑战者进入市场？

从经济学的角度来说，市场通常都具有逐利性，只要有利可图，那么就会有更多的人进入这个市场，但为了确保自身利益最大化，有时候最先进入市场的人会想尽办法阻挠其他人进去分一杯羹。与此同时，也会有很多挑战者千方百计想要打破先入者的利益垄断。在这种情况下双方就会出现一系列的竞争策略。

而想要了解这些博弈策略，可以参考一下"市场进入威慑"模型，或者说"市场进入阻挠"模型：某市场上有两个竞争对手，一个已经在市场上站稳脚跟，而且在市场上占据垄断地位，他是先入者，另一个则虎视眈眈地想要进入这个市场。对于进入者来说，最大的目标就是进入市场，但是对于先入者来说，有两个选择：第一，为了保障自己的利益不会被瓜分，就会选择设置壁垒，阻挠进入者。第二是默许，但即便是默许也要建立在自身利益是否能得到满足的基础上。对于进入者来说也有两个选择：一个是选择进入，一个是在压力面前放弃进入的打算。

假设在进入者没有进入市场之前，先入者独自掌控市场（可以操纵市场价格），垄断市场的收益高达300。当进入者进入市场之后，竞争会削弱各自的优势，降低收益的获得，此时双方的总收益仅仅为100，其中先入者占据50，进入者也获得了50，但是他必须扣除进入市场的成本10，同样地，如果先入者选择斗争和阻挠，那么双方将会一无所获。

接下来可以按照双方的选择形成四种不同的方案。

进入者选择进入市场，而先入者默许进入者进入，此时进入者的收益是40（扣除了进入市场的成本10），先入者是50。

进入者选择进入市场，先入者加以阻挠，双方发生斗争，此时进入者的收益是-10（不仅一无所获，还要支付成本），而先入者的收益为0。

进入者不准备进入，先入者默许进入，此时进入者的收益为0，先入者的收益为300。

进入者不准备进入，先入者加以阻挠，此时进入者为0，先入者的收益为300（此时没有具体的斗争对象）。

对以上四种情况进行分析，就会发现进入者的最优策略是选择进入，这个时候先入者的最优策略是保持默许，毕竟这样他尚有机会获得50个收益，如果采取阻挠行动，那么将会一无所获。正因为如此，当进入者决定进入之后，先入者通常都会采取妥协姿态，即默许进入者进入市场。

而对于先入者来说，他的最优策略是选择阻挠和斗争，因为这个时候对进入者来说，最优策略是选择不进入市场，毕竟不进入市场大不了一无所获，如果强行进入市场不仅没有收获，还要额外支付10个成本。在"不挣钱"和"折本"之间，进入者也能够轻易做出决定。

现在真正的问题是先入者必须尽快拿出阻挠的决心，并且让对方意识到自己的威慑绝对不是嘴上说说而已。毕竟进入者有很大的决心进入市场，如果他认为先入者的威胁不足为信，那么就会冒险进入市场，而这个时候先入者将会变得非常被动。

为了在博弈中占据主动权，先入者最好要对自己的威胁行动做出承诺，即将自己的威慑行动和威胁变得更令人置信。而想要让威胁变得让人相信，那么就要明确一点："如果我没有兑现威胁的承诺，那么将会遭受更大的损失。"这就像是一种破釜沉舟的策略，先入者为了阻挠对方的行动，必须拿出破釜沉舟的态度，必须让自己以及对方都意识到目前已经没有退路了。这个时候，在气势上就会赢得一些优势。那么如何主动设置这些损失呢？

有一种比较直接的方法就是，先入者与某个第三者进行打赌，如果自己没有对进入者进入市场的行为进行阻挠，那么就要主动支付第三者100。这就意味着，如果进入者进入市场后，先入者如果采取了默许的态度，那么先入者将会从50个收益中扣除100的赌注，这个时候，先入者实际上因为自己的默许行为而亏掉了50，而他采取阻挠策略收益才不过是0而已。

由于订立了这样一个赌约，先入者会更加坚定自己的阻挠策略，因为他此时已经没有更好的退路了。事实上，这只是一个心理战术，目的是让进入者相信先入者真的会对其进入市场的行为采取阻挠行动，当进入者也认为这个承诺真实可信并主动知难而退时，先入者会成功拿到300个收益，并且不用为赌注支付任何赌资。

所以对于设置壁垒阻挠进入者的一方来说，最好需要支付巨大的成本，威胁和承诺是否可行，通常取决于成本的大小，取决于成本和收益的比较。成本高于收益的威胁和承诺，往往非常可信。反之，当成本低于收益的时候，威胁和承诺可信度不高。

当阻挠成本低于收益时，人们通常都会这样去想"即便我做了，对方也可能不太在意，毕竟这事对他的影响不是太大"，将这个现象进行泛化，那么从市场竞争到团队管理往往都存在类似的现象。比如一些管理者会给下属制定一些制度，规定某件事不能去做，而下属有可能会挑战制度的约束。一旦下属发现管理者的承诺行动（承诺做出阻挠和惩罚）不可信时，就会变得肆无忌惮。

在日常生活中，当人们试图在阻挠其他对手做某件事的时候之所以会失败，就是因为他们并没有表现出这种作斗争的决心，由于没有设置太高的成本，一旦对手发现他在做出阻挠后仍旧会获得一定的利润或者至少不会亏损时，就会对威胁置若罔闻，这样一来当对方决定做某事的时候，试图阻挠的一方也就变得更加被动了。

资源多的人会得到更多的，
资源少的人将会失去仅有的

　　如果对整个社会的资源分配进行分析，就会发现这样一个问题：几乎任何资源都是倾向于集中在少部分人手里，这少部分的强者可以通过自身的运作获得更多的资源，而对于其他一些弱势的人来说，他们不仅很难获得新的资源，恐怕还会进一步失去自己手中拥有的资源。

　　在大学里，论文的数量和质量、研究经费的拨发、奖金的发放永远都集中在少部分最优秀的教授和教师手中；在教育中，品学兼优的学生往往会享受到老师最多的照顾和指导；在企业中，核心人物总是能够获得更多的奖励，他们享受了绝大部分的资源和福利；在股市中，资金量最大的投资者或者庄家，往往享有控制权，他们可以在股市中越挣越多，而多数散户只能越亏越多；发达地区的人才、资本、技术等相关资源越来越丰富，而欠发达地区和落后地区的人才、资本和技术有可能会进一步向发达地区移动。

　　整个社会的分配机制就是这样一种状态："资源多的人将会拥有更多，资源少的人将会失去自己仅有的。"而这就是马太效应。它来源于《新约·马太福音》中的一则寓言：

　　　　有个国王准备出门远行，临行前，交给3个仆人每人1锭银子，吩咐他们去做生意。国王返回之后，第一个仆人利用这1锭银子，赚了10锭的钱。国王很高兴，就直接奖励他10座城邑。第二个仆人赚了5锭银子，国王也赏赐他5座城邑。第三个仆人因为怕把银子弄丢，所以一直包裹在手帕里，没拿出来用过，国王听了直接命令他将这1锭银子给第一个仆人，结果第三个仆人一无所获。而国王当时这样说道："凡有的，还要加倍给他叫他多余；没有的，连他所有的也要夺过来。"

这个寓言故事很好地阐释了马太效应的定义和基本形态，其核心思想就是"增多减少"，而之所以会出现这样的现象，关键在于博弈手段和策略。比如一家企业在市场上居于垄断地位，那么它就具备了很大的市场掌控权，无论是产品定价还是产品的类型，或者是服务都可以按照自己特定的模式来推行，这样一来垄断地位将会进一步得到巩固。一个核心员工可以利用自己能力上的优势与公司讨价还价，借此为自己争取到更多的福利，而另一方面公司也会尽量花费更大的代价来挽留这个员工，当员工获得的资源越来越多，影响力越来越大时，他们的要求也越来越多，资源会进一步增加，影响力会进一步扩大；品学兼优的学生也是如此，当他们表现出众时，老师通常会将大部分的精力投放到他们身上，由于享有更多的教学资源和机会，他们的成绩会越来越突出。

简单来说，就是那些资源丰富的人往往拥有很大的竞争优势，他们可以借助这些优势继续扩大自己的影响力。而那些资源很少的人没有能力去抗衡和竞争，他们只会采取更为保守的策略行事，而生存空间也就一点点被其他竞争者吞噬掉。在这种博弈机制下，拥有优势的人将会扩大自己的优势，处于劣势的人将会失去自己仅有的一点优势，并变得更为弱势。可以说，马太效应看重的是领先者的优势累积，当一个人获得一定程度的成功之后，他的优势会得到进一步累积，这样就容易获得更大的成功。

从某种意义上来说，由于博弈者都在争取确保自己获得更大的利益，因此马太效应实际上反映的是一个相对失衡的大环境，但这也是博弈下的自然选择。而这种自然选择也给所有人提了一个醒，那就是想要让自己获得更多资源，那么首先就要想办法让自己变得更加强大，只有在竞争中处于优势地位，才能够在博弈中掌握主动权。

对于任何人、任何企业来说，只有当自己成为某个领域的领头羊时，才能在博弈中获得更大的优势，即便是在投资回报率相同的情况下，自己也能更轻易地获得比弱小的同行更大的收益。由于拥有更大的体量、更高的利润、更多的技术以及更为强大的抵御风险的能力，占据优势的个人或者企业会在行业内不断强化自己的优势。

但是想要成为行业内的领头羊，最重要的一点就是要确保自己的发展策略正确，要确保自己在某一方面确立起竞争优势，或者说发挥自身特长，这是一个结合了努力、技巧、运气和战略选择的操作形式。而这里谈到的领先优势涉及发展规模、市场影响力、技术领先以及竞争话语权，掌握了这几点，就可以获得更大的优势。

如果自己在行业内缺乏任何优势，无法找到一个很好的机会实现突围，或者说面临着强大的竞争对手，而且自己不具备掌控话语权的实力，那么就需要改变自己的发展方向和发展策略，尽可能跳出现有的圈子，转而寻找更容易树立竞争优势的新领域、新项目。就像很多企业如今都避免进入传统行业，转而开拓一些无人涉及或者很少有人涉及的新领域，这样就能够尽量减少竞争压力，最终实现弯道超车。还有一种情况是针对对方的弱势项目来发展自己的优势，这样就可以对对方形成更大的威胁，一旦优势获得累积，就有助于自己实现领头羊的角色。

总而言之，马太效应在很多时候都是一种不公平的分配状态，但从另一个角度来说，真正的公平往往要自己去争取、去实现，而只有让自己变得更大更强时，才有机会让公平分配的天平倾向自己。

合作有时候需要把握竞争因素

在合作体系中，有时候是一对一进行博弈，有时候会出现一对多的博弈模式。在一对一的博弈中，博弈双方的策略相对比较简单；在一对多的博弈中，一方由于需要同时与多方进行交锋，制定策略的难度非常大。因为在整个博弈过程中，其他各方会因为存在利益冲突而形成竞争关系，而这种竞争关系会对整个博弈产生影响，并影响博弈策略的制定。

比如几家公司一起竞标一份供应合同，每一家公司都会提交一个密封的信封，将自己要求的工程价码写在信封中，而招标的主办方则会对所有的标书进行比较，通常情况下，开价最低的公司会赢得竞标，并获得它所要求的价码。

假定现在有这么一份合同，比方说某跨国公司准备生产大量的玻璃，供应商A准备参与投标，他的成本（包括正常情况下他希望投资能够获得的回报）是2000万元，当然，他并不清楚其他竞争对手的成本，不过通过调查和分析，供应商A知道竞争对手的成本应该介于1500万元到2500万元之间。假设每一家供应商开出的价码以100万元为基本单位，那么在他们当中，任何一家供应商提供的价码都有1/10的机会迎合跨国公司的要求，或者说都有1/10的机会获得成功。

在了解这个概率之后，供应商A会制定一个大致的投标方向和策略，比如他不会开出一个低于自身的成本的价码。假定他要求获得的价码是1800万元（纯粹只是为了赢得竞争），这个时候如果没有胜出，那么一切都没什么问题（毕竟本身就没有赢利空间）。如果胜出，供应商A得到的价码将低于自己的成本，这可能会是一笔亏本生意。

考虑到每一家供应商提交的价码是一个确定的承诺，通常情况下不可能像现场竞标那样不断加价，或者要求获得一个更高的价码，因此在很多时候供应商A可能需要开出一个高于自身成本的价码。

假定所有投标者都会诚实开价（开出的价码等于成本），那么供应商A可以开出2100万元的价码，这个时候他需要考虑三种情况：第一，在所有的投标中，有人有一半的机会开出低于2000万元的价码（分别是1500万元、1600万元、1700万元、1800万元、1900万元），这样一来，供应商A的价码不占任何优势；第二，在所有的投标机会里面，有4次机会可能遇到最强势的对手也开出超过2100万元的价码（分别是2200万元、2300万元、2400万元、2500万元），这个时候如果供应商A开价2100万元就会赢得合同，而且开价2100万元还能够帮助他多得到100万元的利润；第三，在所有的投标机会里面，有1次可能遇到最强势的对手开出2000万～2100万元的价码，这时候供应商开出2100万元的做法可能会让他失去这份供应合同。而且对于供应商A来说，价码为2000万元的合同也只能弥补一下成本，因此这份合同可有可无。

如果对以上几种情况进行分析，就会发现，抬高价码（相对自身的成本而言）是一个更好的竞争策略，这种策略比诚实开价更占优势。不过由于其他参与者通常也会采取同样的思维竞标，这样就会在无形中抬高价码。

作为发起招标活动的跨国公司，他们当然希望供应商开出的价码越低越好，但是对于供应商来说，开出高价码才能维持赢利，不过为了确保自己不会被竞争对手抢占先机，他们通常都会提升价码，而这对跨国公司相当不利，这意味着它需要为供应商支付更多的钱和成本，而事实上只有当开价接近玻璃的成本，他们才能够做出一个精确的成本效益分析。在竞争形势下，人们通常都会对自己的成本进行保密，因此诚实开价的可能性并不高，这个时候他们可以采取一些特殊的激励机制来消除开价过高甚至任意夸大的现象。

比如跨国公司可以让开价最低者中标，但付给对方的价码却是整个竞价过程中开价第二低的那个供应商提供的价码。假定供应商A的成本还是2000万元，而他打算开出2100万元的价码，然后他必须考虑上面三种情况进行抬价：当最强势的竞争对手开出低于2000万元的价码时，供应商A的抬价没有多少意义，他将会失去这份合同；当最强势的对手开价超过2100万元时，此时供应商A将赢得合同，而跨国公司给出的价码是整个竞价过程中开价第二低的那个供应商（最强势的对手）提供的价码，简单来说，他的价码与最强势的供应商的价码相同，这个时候抬高价码就没有多少价值了。如果最强势的对手开价是2000万～2100万元，那么相比之下，供应商A的2100万元价码不具备竞争优势，他会失去这份合同。如果他坚持2000万元的成本价码，那么就会赢得合同，并且因为获得第二低的价码而获得一部分利润。

无论是对供应商A，还是其他供应商来说，情况都差不多，跨国公司将会掌握一定的主动权，由于采用了这种方法，供应商们就会放弃抬价的策略，从而有效保障自己的利益。

在日常生活中，经常会出现类似的情况，在寻求开放式的合作目标过程中，人们通常会遭遇不同的对手，当一方与多方进行博弈时，虽然表面上是合作，但是却需要意识到自己与对方的合作关系，以及其他潜在合作对手之间的竞争，只有将这些因素全部综合起来考量，才能制定更为合理的策略。

第五章

把握规律，玩好一个人与一群人的游戏

历史上那些研究博弈的数学家都曾去赌场做研究和分析，包括赌博的概率模型、以赌客的心理分析，以及赌博中的各种技巧，他们也从中汲取了很多知识，而这些知识反过来也可以成为赌博博弈的一些重要参考资料。

投资就是一人对多人的博弈

在投资的时候，通常不会是一对一的简单博弈，而是多人混战的局面，比如在股市中就有成千上万的股民相互博弈，对于每一个投资人来说，除了自己之外，任何一个参与者都是自己的对手和敌人，都会影响到自己的利益分成。但是成千上万的竞争对手往往让人感到头疼，因为在这种博弈模式中，人们不太可能针对每一个竞争对手制定相应的策略，因此一个合理的方法就是把博弈模式化繁为简，将多方博弈的局面化简为几方，这样就可以更好地制定博弈策略。

股神沃伦·巴菲特曾经对股市投资做过一个形象的比喻：设想你在与一个叫市场先生的人进行股票交易，每天市场先生一定会提出一个他乐意购买你的股票或将他的股票卖给你的价格，市场先生的情绪很不稳定，因此，在有些日子市场先生很快活，只看到眼前美好的日子，这时市场先生就会报出很高的价格，其他日子，市场先生却相当懊丧只看到眼前的困难，报出的价格很低。另外市场先生还有一个可爱的特点，他不介意被人冷落，如果市场先生所说的话被人忽略了，他明天还会回来同时提出他的新报价。市场先生对我们有用的是他口袋中的报价，而不是他的智慧，如果市场先生看起来不太正常你就可以忽视他或者利用他这个弱点。但是如果你完全被他控制后果就会不堪设想。

在这个比方中，巴菲特非常巧妙地将博弈模型进行了简化，把股市竞局变成了一场他和市场先生两个人之间的博弈。这个时候整个竞局就会变得非常简单，如果个人想要在股市中盈利，那么就要让市场先生输钱。而市场先生是一个情绪非常不稳定且常常冲动行事的人（这是市场的盲目性决定的），只要人们了解这一点并善于利用，那么就可以在竞争中击败市场先生。

而对于巴菲特来说，他对市场先生了若指掌，这位先生虽然有时候会做出正确的决策，但是很多时候容易冲动行事。在这里市场先生就是自己之外的全体股民，而股民往往具有盲目冲动的弱点，他们做事容易随大流，容易受到大环境的影响，而缺乏自我的理性分析。

前面谈到了群体思维，并指出了群体思维以及群体决策的一些盲目性和局限性，市场先生就具备这些盲目性，他很容易在市场运作中犯错，人们要做的就是等着他犯错，然后再做出针对性的决策。但是除了少数冷静且成功的投资者之外，普通投资者更容易受到市场先生的干扰，他们坚信市场先生的做法是正确的，会给自己带来足够的利润。由于容易受到市场先生冲动情绪的影响，普通投资者和股民同样会变得冲动，这个似乎就可能会陷入错误的思维当中。

实际上市场先生是一个容易发疯的人，而且为了战胜投资人，市场先生必须发疯，这样他才可以带动和影响他人的情绪。市场先生的一些负面情绪和冲动表现是可以预料到的，无论是谁，想要与市场先生进行博弈，就要等市场先生发疯发狂，而且他一定会发疯发狂的，而投资者所要做的就是保持理性和冷静，只要控制好情绪就可以战胜市场先生。

无论是常见的股票投资，还是收藏界和其他投资领域，都会存在类似的投资博弈，市场先生几乎是无处不在的，他是一个狂热的投机分子，目光相对比较短浅，投资手段也比较简单，而且很容易陷入自我疯狂的境地。这种疯狂具有强大的诱惑力，对于投资者来说，如果不能抵挡这些诱惑，那么就可能会陷入疯狂，从而被市场先生牵着鼻子走，然后失去理智。

在投资领域有这样一句名言："当别人贪婪的时候，要感到恐惧；当别人感到恐惧的时候，要变得贪婪。"这里的贪婪和恐惧就是一种情绪表现，换句话说，当市场先生表现出贪婪的一面时，要懂得进行自我克制，要注意对潜在的风险进行评估；当市场先生表现出恐惧的一面时，投资者可以表现得更加大胆贪婪一些，因为此时市场先生正在退却，正在谨慎行事，而这个时候正是出手的好机会。

事实上，市场先生的贪婪是建立在投资领域过度火爆的基础上的，而这种火爆的局面可能会引发一些不合理的投资热，投资者容易在这种热潮下丧失理性。毕竟任何事情都有一个极限，即便是投资也不可能一直保持强势上升的势头，许多时候只是吸引更多投资者加入的骗局，如果不能够保持冷静和克制，不能保持应有的谨慎和敬畏之心，就容易做出错误的策略。反过来说，市场先生的恐惧是建立在整个投资领域不景气的基础上的，毕竟人都有趋利避害的特性，当整个投资呈现下降趋势或者处于低谷中时，整体的投资就会失去活力，这个时候投资者如果保持贪婪，就可能会以更低的成本进行投资，从而提升获利的空间。

贪婪和恐惧的这种相对理论是一种反向操作理念，即多数人对股市表现出狂热的投资信心时，就应该尽早卖掉股票；当股市低迷，多数人对股市看淡时，则应该买进股票。因为任何股票都不可能无限期地上涨，它一定会达到顶点，然后就开始下跌。反之，也没有只跌不涨的股票，股价在下跌到谷底时，也会开始上涨。

反向操作理论依据的是股市中的钟摆定律，即当大多数股民买进股票时，卖方的力量迅速得到积累和增加，而买方的力量即将消耗殆尽，这个时候股市的上升势头会得到遏制，并开始形成下降趋势。等到积累到足够下降的力量之后，股市会迅速释放这些力量，这时股价必定会下跌。同理，大多数股民卖出股票时，买方的力量会得到增加，卖方的力量即将消耗殆尽，此时股市的下降势头会得到遏制，并开始形成上升趋势。等到积累到足够上升的力量之后，股市会迅速释放这些力量，这时股价必定会上涨。

1987年10月，美国股市出现大崩盘，股市在短时间内下跌了1000点，这直接导致大批股民倾家荡产，许多百万富翁也在一夜之间沦为赤贫，不仅如此，大崩盘还直接导致许多股民出现精神崩溃和自杀行为。当时最著名的麦哲伦基金在一日之内竟然消失了将近20亿美元的资产，据说当时的世界首富也损失了21亿美元，并失去了世界首富的位置。

后来人们直接将这场股市大灾难称为"十月大屠杀"，但是在此之前，股市行情一直处于上升势头，而且从1982年开始连续5年都是牛市，持续的疯狂上涨麻痹了大多数股民，许多人包括最权威的投资专家也没能做出股市下跌的预测。

当卖菜的小贩和种地的农民都在谈论股票时，股市早已积累了大量的泡沫。卖菜的和种田的都开始转行炒股，可见人们都已沉醉在金钱梦中。此时詹姆斯·罗杰斯意识到美国股市的疯狂有些不可思议，这种不正常的上升势头，让罗杰斯警觉起来。他认为未来一段时间内股市肯定会发生暴跌，他嗅到了暴风雨来临的危机，于是迅速卖空手中的股票。

果然，等到十月份时，股市开始大崩盘，股民们开始面临巨大的亏损，只有罗杰斯没有跟随大流，所以能够在赚钱的同时保证自己全身而退。

无论是贪婪还是恐惧，都是市场先生摆下的迷魂阵，投资者在与之博弈的时候应该保持清醒的头脑，应该坚持按照自己的理性分析和反向操作理论进行投资，不要轻易采取随大流的策略，这样才能让自己的投资更加安全可靠。

博傻理论：找一个比自己更傻的人接盘

在谈到市场经济的时候，经济学家会告诉人们一个现实，那就是市场经济具有一定的盲目性，想要理解这种盲目性并不困难，比如有人种大蒜发了财，那么在几年之内，这个人的亲朋好友、同学，以及和这个人住在一起的本地人可能都会种大蒜，这种辐射效应还可能会传到更广泛的区域，甚至出现全国性的大蒜种植热潮。而一旦越来越多的人种植大蒜，大蒜市场很快就会出现饱和与过剩的现象，此时，种植大蒜的人将会遭遇巨大的亏损。

市场的盲目性是由市场追逐利益的特性决定的，市场中的人对于利益点非常敏锐，只要存在高额收益的点，那么就会有无数人蜂拥而至，在过去几年还出现了"兰花热""旧币收藏热"，以及其他一些投资热点，导致很多人涌入投资市场，但是当潮水退去之后，才发现很多人不过是在裸泳。

所有投资热都有一个共同的特点，那就是疯狂的生长模式，这种疯狂增长完全超出了正常的水平，但是人们却很少能够准确意识到它们潜在的危害性。毕竟在很多时候，一件东西在市场的热炒下达到了自身价值的几倍甚至几十倍，这明显不符合经济学定律，或者明显具有高风险，但是对于一些人来说，一个表现出"良好上升态势"的东西原本就具备投资的属性，原因很简单，最后总是会有其他人出更高的价格进行投资。

张先生在2003年的时候曾经参与了兰花投资，那个时候全国兰花市场都很火爆，各种天价兰花层出不穷，原本几元钱一株的兰花在包装和热炒下竟然可以达到几十万元的天价，这让张先生非常心动，所以他辞掉了工作，卖掉了其中一栋房子，专门做起了兰花投资生意。他曾一次性花费15万从他人手中购买了2盆兰花，许多人都觉得这样做很冒险，因为明白人都能够算出来一盆兰花的真正价值与价格，但是对于身处兰花投资热潮的人来说，并没有人真正去关心一盆兰花真正的价值是多少，他们愿意花几倍、几十倍的价格去购买兰花时，虽然付出了很大的成本和代价，但是他们更加坚信会有人出更大的成本和更高的价钱从自己手中购买这些兰花。

在本书的前面，谈到了人们以高于面值的钱购买钱币，这是心理作用的结果，也是相互博弈下的一个"不合理"结局，而这种"不合理性"在兰花投资或者类似的投资中更为明显。在博弈学理论中，有一个专有名词："博傻理论"。这个理论最初是针对股票和期货等资本市场的投资策略的，主要是指人们在资本市场中常常会愿意忽略某个东西的真实价值而花费高价购买它，原因在于他们预期之后会有一个更大的笨蛋会花更高的价格从他们那儿把它买走。有些投资者偏偏喜欢上涨时高价买入，成为风险投资中的"傻子"，即便这只股票已经不可思议地上涨了很长一段时间，但是对他们来说，只要有人继续购买股票，自己就可以全身而退。

先来者往往会低价买进高价卖出，通过制造差价来赚钱，而之后入市的股民往往会面临较高的买入价格，因此风险比较大（因为任何股价都不可能无限制地上涨，总会经历一个顶点，然后开始下滑到谷底），可以说越到后面入市，面临亏损的机会就越大。很多人认为这就类似于击鼓传花的游戏，前面的往往比较安全，随着接力棒不断传给下一个人时，风险就会提升，而最后一个接棒者就是那个最倒霉的人。

博傻理论的核心思想就是寻找接盘侠，对人们来说，资本市场本身就容易陷入狂热，人们本身就容易陷入盲目的、冲动的状态，冲动或者傻并不可怕，因为这个世界上还有更傻的人，可以说最可怕的不是在一个盲目的游戏中充当傻子，而是在整个游戏中充当最后一个傻子。

博傻理论的本质就是一种投机策略，任何一个投资人做出投机行为的关键依据并不是投资项目的内在价值和理论价值是多少，而是"还会有下一个傻瓜"的奇怪想法，只要找到一个比自己更傻的人，找到一个比自己更大的笨蛋，那么自己就会成为整个投机游戏中的赢家。如果策略失效，没有人愿意站出来接盘，那么自己将会成为那个最大的笨蛋。正因为信奉"最大笨蛋"理论，博傻理论在现实生活中非常普遍。

之所以会出现博傻的现象，主要原因是投资大众对未来判断各不相同，当大众的判断不一致和不同步时，就会产生一些投资行为上的差异。比如有的人在掌握相关项目的部分信息或总体消息后，会表现出担忧和悲观的情绪，但是有一部分人会乐观估计形势，这样就造成了人们投资脚步前后不一致以及行动节奏不一致的局面。而这种不一致和不同步会激发市场自身的激励系统，因此混乱会以一种看似有序的方式存在，并且导致人人都在想方设法寻找下一个傻子。

制造混乱局面的方式可能是无心之失，也可能是有意而为之，简单来说，就是博傻者可能并不清楚自己是傻子，不知道自己进入了博傻游戏，这类人是感性的博傻行为。另一类人则明确意识到这是一项高风险的投机行为，并且了解博傻的方式和规则，他们会依据当前的形势做出判断，尤其是当他们发现有很多投资者正涌入市场时，就会坚定"最大的傻子在后面"的观点，他们的投机行为是理性博傻的行为。

通常情况下，感性博傻行为会导致投资人更容易成为最傻的那个人，而理性博傻则相对安全一些，他们会对投机形势进行充分的论证，甚至会主动推动市场的热潮，将泡沫越吹越大，从而引诱更多的人进入该投资领域。但事实上任何一种投资或者投机行为都具有风险性，而且市场也具有一定的自发行和不确定性，所以即便是再精明、再理性的人往往也不能做到万无一失，一旦他们对大众心理判断失误，一旦他们错误地分析了形势，一旦他们表现得过度贪婪，就可能会从一个过渡性的傻子变成最后那个将泡沫在自己手里捅破的傻子。

庄家和散户的游戏套路

前面谈到了投资者与市场先生的博弈，这种博弈只是简单地对投资群体内部的博弈情况进行分析，但事实上对于整个投资群体来说，其中的一组对决非常有趣，那就是实力强大的投资者和一些实力分散的投资者之间的博弈，在股市中，人们通常称之为庄家与散户的博弈。

庄家通常是一些机构和大户，他们是投资的主力军，掌控丰富的信息和资金。一些庄家炒股的目的是价值发现，但是更多的庄家热衷于从散户手中挣钱，考虑到庄家和散户的地位，以及彼此之间的信息差异，庄家通常都会采取一些特殊的策略来提升博弈的效率。

庄家的主要技巧就是利用情绪来控制散户的行为，情绪操纵是他们的强项，而基本策略就是采取"低吸高抛"的策略。一般情况下，市场一开始偏于冷淡，行情也不太好，这时庄家会先慢慢推动行情，将投资市场炒热，此时散户的情绪会被调动起来，不久之后会有一大堆散户进入市场。

由于行情一开始就是受到操纵的，庄家不可能一直让行情上涨，当达到某个界限时，庄家会选择分批出货，而这些投资的股票会被其他散户购买，因为他们仍旧看好股价上涨的势头，会觉得整个投资仍旧有很大的盈利空间。但事实上，从庄家出货的那一刻起，整个行情已经开始反转，尽管股价表面上仍旧在上升，但是上升空间并不大，散户的钱会慢慢被庄家套牢。

当散户的钱被套住之后，庄家开始打压行情，将市场过热的人气重新打压到低谷，这个时候，市场会陷入低迷，成交量会不断下降，散户会失去投资信心。

简单来说，庄家往往具备控制某只股票走势和价格的能力，可以直接拉动股价上涨，并利用散户"追涨杀跌"的心理，逐步拉高股价，一旦股民迅速跟进并大举抬高股价，庄家会趁机分批抛售自己手中的股票，这时股价的涨幅就会放缓。而大批散户还沉迷在股价上涨的良好势头中，并未意识到风险即将到来，直到股市开始迅速下跌。

庄家的主要目的就是精心编织一个骗局，然后引诱更多的散户入套，加上他们所具备的优势，散户的反抗能力非常有限，但是也并非毫无办法，毕竟任何一种博弈都是策略上的对决，只要策略没有出现错误，那么从庄家口里夺食也并非不可能。

那么散户究竟应该怎样做呢？从博弈的角度来说，散户只要抓住三个关键点即可。

首先，散户应当收集信息并主动抓住庄家的弱点，庄家虽然占据了很大的炒股优势，但是也并非完全毫无缺陷，事实上庄家在积极推动散户入套的过程中，也容易暴露出自己的一些缺点。比如庄家就像一艘大船，看起来平平稳稳，吃水量也很足，可是却面临船大不好掉头的风险，一旦持有的股票太多，想要短时间内全部出售也并非一件简单的事，他们需要花费很长时间来兑现出局。为了确保这个过程顺利进行，庄家会设置很多花招，逐步抬高股价，但是散户只要做到见好就收，避免在高位上接手，那么庄家自然难以成功脱手，而散户则可以巧妙地防止成为"最傻的"那个接盘侠。

庄家有很多资金，但是想要操纵市场，他们仍旧常常会面临巨额的资金压力，如果庄家没有足够的资金继续抬高股价，那么就无法操纵市场。而散户资金量虽然不大，但是方便操作，如果能够及时抽身，那么压力会全部回到庄家身上。

此外，为了欺骗散户，庄家经常会对k线形态、指数平滑移动平均线、随机指标之类的技术指标进行造假，以误导散户接盘。但是这些指标通常会露出一些痕迹，只要散户足够细心，多搜集一下市场上的信息，就可以发现一些端倪，然后坚决不上当受骗，那么庄家的一切行动就会失去效用。

事实上，庄家虽然能够操纵股价，但他不可能影响股价变动，也就是说，庄家本身就是利用散户的行为规律采取行动，因此他们的操作也是有规律可循的，对于散户来说可以对这些规律加以利用。散户与庄家进行博弈的时候，如果想要在投资中击败庄家，想要避免受到庄家的误导，就要保持情绪上的理性和冷静，还要注重对市场信息的搜集，掌握好庄家的弱点，就能够对市场上的投资动向有一个精确的把握。

除了了解庄家的弱点和收集信息之外，散户要懂得要注意克制自我，并坚决做到止盈和止损，一旦盈利达到了自己心理价位，那么无论是否还在上涨，都要及时卖出股票。一旦下跌达到了自己能够承受的价位，应该断然卖出，避免进一步下跌造成更大的损失。在投资的过程中，人们很难控制住自己的情绪，盈利之后总觉得股价还会上涨，所以迟迟不肯出售；下跌之后又觉得现在出手不划算，不妨等一等，也许股价会重新上涨，结果越亏越大。对于绝大多数散户来说，很容易受到情绪操纵的影响，这就像市场先生给他们施加的影响一样，散户很容易在整个投资过程中陷入被动局面。

总而言之，对于庄家来说，他们的策略就是通过各种手段在背后拉抬股价，吸引更多的散户和资本进入，然后寻求合适的机会抛售，给自己创造更大的盈利空间。而对于散户来说，由于先天处于弱势地位，因此必须保持谨慎和理性，要针对庄家的弱点出手，同时还要搜集相关的信息，这样才能提升对抗庄家的筹码，避免自己被庄家带入套中。

庄家与庄家之间的利益之争

前面谈到了这样一个问题，股市是一个个人与群体的博弈。毕竟这是一个零和的博弈模式，因此任何参与者实际上都会参与进去。其中包括散户之间的博弈、庄家与散户之间的博弈，而除此之外，庄家之间也存在博弈关系，毕竟庄家之间的利益冲突同样非常明显。

而庄家之间的博弈通常比较复杂，彼此之间会依据具体的情况不断发生变化。比如有的投资者实力比较大，但是又完全不具备控制市场的能力，这个时候他们就会认真定位自己的位置——是站在庄家的立场上，还是站在散户的立场上呢？由于散户是弱势群体，最容易从他们身上盈利（这里所谈论的博弈是零和博弈），因此这些投资者会选择站在庄家的立场上行动，并采取跟庄的策略。

跟庄者对于形势的判断非常清晰，通常来说，他们都知道庄家往往都是一些专业知识丰富且智力水平很高的人，会经常观察市场，研究散户的投资习性，并且依据这些习性设计出色的操盘计划，以便让股价在他们的控制下有计划地出现涨跌，从而引起散户情绪上的起伏，一旦散户在情绪驱动下进行错误操作，庄家就能够轻松赚钱。

对于庄家所做的这一切，跟庄者同样了解，因此他们的策略就是根据庄家要利用散户规律的性质来判断市场走向，这种判断市场走向的能力就在于对庄家操作规律进行认真的分析与合理的把握。比如，庄家在进行情绪操纵和市场操纵的过程中会存在一些规律，只要掌握了这些规律以及庄家的动向，那么跟庄者就能够做出同样精确的操作，然后从散户身上赚到更多的钱。总的来说，跟庄者的策略非常明确，就是分析庄家做什么以及准备怎么做，然后按照庄家的行动轨迹去执行，这样就可以最大限度地减少投资风险，并提升盈利的水平。

不过，由于跟庄者的目标同样是散户，坐庄的人和跟庄的人存在一定的竞争关系，双方也会出现一些斗智现象，尤其是庄家肯定不太希望自己的利益被跟庄者瓜分掉一部分，因此往往会想方设法进行阻挠和干扰。一般情况下，庄家会主动去隐藏自己的大交易行动，或者在准备交易时刻意保持现状，并不急于拉抬股价，这样就会迷惑跟庄者，并且以此来消耗跟庄者的耐心和信心。而对于跟庄者来说，为了不引起庄家的注意和反感，则要尽量想办法隐藏自己的实力和动机，努力分散自己的投资，毕竟跟庄的人比较少，跟庄的资金也不多，庄家往往就会忽视跟庄者的存在。可以说两者之间更像是玩猫捉老鼠的游戏，但老鼠有时候也会想办法趁机做大，而这个时候庄家如果始终无法摆脱他们，就会选择一个合适的获利机会抛售股票提前出局，这时跟庄者自然会反客为主，会变成坐庄的人，从而顺利实现抢庄。

一般来说，具备抢庄能力的跟庄者本身就具备坐庄的实力，只不过在庄家没有退出市场之前，他们会选择隐忍，等到最佳的机会到来，然后才会跳出来抢庄，掌握这只股票的控制权。而除了跟庄和抢庄之外，还存在混庄的局面。比如有的庄家能够保持一家独大的局面，但是有时候单独的一个庄家无法控制住市场，这个时候实现对散户利益收割的最好方法就是由几个庄家联手坐庄，这种联手通常都建立在各方的利害关系基础上。

这种多家共同支配市场的局面往往会出现不同的博弈方式。

第一种，多个庄家协议好共同投资拉抬股价，在这个竞争局面下，多位庄家结成同盟关系，目标是挣散户手里的钱，大家一起通过拉动行情来吸引更多散户入市，然后再抛售股票打压市场，然后分配从散户手中赢来的钱。

第二种情况多数庄家持观望态度，他们都不愿意为别人拉抬，这样就会导致大家都不出手，从而使得整个股票市场陷入一个相对平稳的尴尬境地，股价既不上涨也不下跌。大家会一起耗到市场行情好转，这时只要有人拉抬，就会有更多的资金跟进。在整个过程中，每个庄家都必须看着其他庄家的动向，了解其他庄家在做什么以及想怎么做，这是他们的最大需求，也是制定策略的基础。

第三种情况是当各个庄家的实力比较分散和均衡且大家谁也不服从谁时，轮流坐庄就会陷入困境，局面也会逐渐失控，为了确保自身的利益，庄家们会尽量推选出一位大庄家。大庄家未必有掌控全局的实力，但是他的主要任务是为了协调各位庄家的行动和利益。通过联络、协调、胁迫、挟制等方式来约束和引导众人一致对外。

这个时候，整个市场博弈就形成了一种金字塔形的竞局局面，主持大局的大庄家位于最高层，中间是中小庄家，最底层的是散户。其中，上层掌握了最多的信息，因此博弈中最占优势，而下层往往会在一些碎片信息和谣言中盲目投资。有人曾做过调查，发现股市有一个胜负金字塔，从上往下的比例是1：2：7，而这也预示着多数散户将会成为竞局中的炮灰。其中他们亏的钱一部分被庄家吸纳，而其余的部分实际上则在散户之间不断流动和转移。

总而言之，庄家和散户之间的博弈并不是简单的双向博弈，由于市场上的投资机构有成千上万，不同的庄家本身就具备竞争关系，因此庄家在将目标锁定在散户身上的同时，彼此之间也存在激烈的竞争关系，而这些不同竞争关系通常也就决定了各个庄家在市场投资中的状态。

应不应该把鸡蛋放在同一个篮子里？

对于许多投资顾问来说，也许将所有精力都放在某一个行业上是一个根本性的错误，对他们来说成功的秘诀只有一个，那就是保持"分散化"的投资。在他们看来，将所有投资放在同一个领域或者行业很危险，因此他们会建议做软件的人顺便做电脑，做实业的人可以投资股票市场或者玩转金融，做文化产业的可以搞一点餐饮。考虑到平衡风险的需要，人们需要分散精力进入一些相对稳定且没有周期性的行业，这也是为什么很多商人愿意公司进入公用事业的原因。

通常情况下，一些投资顾问或者商业顾问都会提出类似的建议，尤其是华尔街的投资顾问，他们总是千方百计说服客户把资金分散到股票、债券和现金之中。并且要确保股票的类型、行业更加丰富，跨度越大，形式越丰富，安全性越高。

诺贝尔经济学奖获得者马科维茨就认为，关注单个投资远远不及监控投资组合的总体回报来得重要。在他看来不同的资产类别之间可能只有很低的相关性，这种较低的相关性确保了在亏损的时候彼此不会受到牵连，而且彼此之间的差别会一年年表现出来。

按照他的说法，一个人如果将10 000元全部投资在股票上，股市景气的时候可能会赢得更多的钱，但当股市不景气的时候，这笔钱往往也会亏得一干二净。而这样的情况在1997年的金融危机以及之后几年的时间里表现得非常明显，那段时间内，购买股票的人大都亏钱，有很多还倾家荡产。为了保证自己不会全部输掉，就需要分散自己的投资，比如投资一部分钱用来购买债券。

尽管投资单一项目也容易获得更多的盈利，但是却缺乏稳定性，这样会让很多人承受巨大的风险，而并不是所有人都可以承受这样的风险。当投资项目越来越多的时候，整体的收益波动就会降低，这个时候即便某项投资亏损了，也可能会在其他的项目上获得盈利，这样人们就不会出现因为投资而倾家荡产的情况。就像一个商人同时投资酒店、房地产、机械制造和服装外贸生意一样，在房地产生意和酒店生意不景气的时候，也许可以从机械制造和服装外贸上获利，这样一来就可以抵消先前的损失。反过来也一样，当机械制造和服装外贸，或者酒店生意不景气的时候，如火如荼的房地产事业也许会挽救资金危机。

对于投资者来说，鸡蛋虽然是非常不错的投资品，但是它的最大缺点就是易碎，如果放在同一个篮子里，这种缺点就会无限放大，只有分开放在几个不同的篮子里，才有可能会更加安全可靠。

但很多成功的投资者又反对投资的多样化和分散化，他们更加倾向于投资某一行业或者某一种股票。在他们看来分散化投资的策略虽然更加稳重，但事实上却很少有机会获得巨大的成功，因为一个人投资的项目增加后，既不可能全线崩溃和亏损，也不可能全线飘红，虽然投资者可以在某个投资领域方面获得成功，但是对于整体的投资收益并不大，可以说，分散投资的策略在一定程度上降低了资产组合的利润提升能力。

例如股神巴菲特以及金融大鳄索罗斯就是非常出色的坚持集中投资策略的投资家，他们成功的秘诀就是重点购买那些大企业的股票，并且通常只有少数的几家，相对于分散投资，他们擅长用大投资创造远远高于其他投资潜在损失的巨额利润。简单来说，他们的策略就是将鸡蛋放在同一个篮子里。

他们坚持将鸡蛋放在一个篮子里的另外一个原因是，多数投资者不具备多样化投资的能力，他们可能对某一项投资非常了解，也掌握了比较丰富的投资知识，甚至会成为该投资领域的专业人士，因此会占据各种投资优势。但每个人的精力和能力都是有限的，很少有人能够在其他投资领域内保持这种投资优势和投资的精力，专业知识的匮乏、技能的欠缺，往往使得他们在投资时过于盲目和随意，而这恰恰是投资的大忌。

这就像照顾孩子一样，如果家里只有一个孩子的话，那么父母可以将所有的精力和资源投注到这个孩子身上，通常情况下孩子可以被照顾得很好。但是当家庭中第二个、第三个，甚至第四个孩子出现时，父母就没有那么多精力一一照顾周到了，至少相比于一个孩子，父母平均在每个孩子身上投入的心血和资源都会降低。

巴菲特曾经这样说过："我认为不管从什么角度来说，投资多元化都是犯了大错。你熟悉的生意可能不会超过六个，假如你真的懂六个生意，那就是你所需要的所有多元化，我保证你会因此而赚大钱。如果你决定把钱放在第七个生意上，而不是去投资最好的生意，那肯定是个错误的决定。因为靠第七个生意赚钱的概率是很小的，但是因为最熟悉的生意而发财的概率却很大。"（原话）

此外，分散投资在面临系统性风险时难以规避资产缩水，比如当全球性金融危机发生的时候，人们的投资大都不会太好，这个时候分散投资常常无法有效规避风险。

无论是坚持分散投资还是集中投资，都各具优势，也各有缺点，不存在谁更好谁更差的问题，关键在于看谁在使用这些策略，对于巴菲特这样的人来说，集中投资可以挣到大钱，但是对于其他一些人来说，也许就没有这样的勇气和实力了。

那么对于普通的投资者来说应该怎样做出选择呢？主要看投资者身上有多少闲钱可以用来投资，以及以怎样一种心态进行投资。

如果钱非常少的话，那么可以选择集中进行投资，这种投资获得收益的机会更大，而且能够尽可能挣到更多的钱，再者即便亏了也不心疼。

如果钱比较多，但是经不起冒险，投资时更喜欢细水长流，那么就要选择分散投资，分散投资的好处就是风险更小，但与此相对应的是盈利也相对较小。

如果投资者的钱比较多，喜欢冒险和发财，而且不担心自己亏损后没有退路，那么就可以选择集中投资策略，这样可以最大限度地盈利。

对于每一个人来说，在制定投资策略的时候更应该按照自己的实际情况来分析，不要盲目采取某一种策略进行投资。

协和谬误下的不良投资

　　有个年轻的妈妈为6岁的女儿购买了一架价值3万元的钢琴，并且希望女儿将来可以好好练习钢琴，可是女儿对此并不感兴趣，始终不肯触碰钢琴，因此钢琴每天都处于安静的状态。有一次，一个朋友来家里做客，见到钢琴后就对这位年轻的妈妈说道："我认识一个非常好的钢琴老师，她教出来的学生都很棒，这边有很多家长都将孩子带给她教过。"

　　年轻的妈妈听后立即下定决心，为女儿聘用一个出色的家教，尽管她知道女儿不喜欢钢琴，可是如今自己已经投入了3万元，如果半途而废，那么这笔钱就彻底打了水漂。正因为如此，她果断为女儿报了一年的班，而学费是惊人的2.4万元。但是这一年来，女儿一直都在抗拒练习钢琴，也并没有学到什么东西，因此妈妈只能选择放弃。

　　许多人都会对这位年轻妈妈的做法感到不理解，为什么明明知道女儿不喜欢学习钢琴，还要继续增加这方面的投入，按照正常的做法，当她投资3万元购买钢琴后意识到女儿不喜欢，那么就应该果断放弃请家教的想法。但是易地而处，人们是否会犯下同样的错误呢？恐怕多数人都会和年轻妈妈所做的一样。听起来有些不可思议，但在类似的情况下，人们的理性并没有发挥多大的作用，因为这里涉及一个著名的博弈模型：协和谬误。

　　20世纪60年代，英法两国联合制造协和飞机，两国政府为了生产出豪华、宽大、性能出众的大飞机，投入了巨资。可是由于面临的技术问题太多，资金源源不断投入进去也于事无补，更重要的是他们并不清楚这些飞机是否会有市场。但由于他们已经投入了大量的资本，一旦停止项目，那就意味着大量的投资付诸东流。在这种投资悖论和矛盾心理的刺激下，两国政府只能不断加大投入，而最终由于飞机未能很好解决噪声大、油耗大、市场前景小等问题，导致项目遭遇失败，两国政府也损失严重。

在协和飞机制造的项目中，英法政府明显缺乏理智，毕竟在研制飞机的过程中，如果政府愿意及早放弃，那么就可以提前止损，但是由于不甘心自己投入的资本沦为沉没成本（以往发生的与当前决策无关的费用，或者已经发生且不可回收的成本），最终导致自己在亏损的道路上越陷越深。

在投资领域，当人们做出了一个不理性的行动后，通常都会对自己投入的资金（支付的成本）念念不忘，他们并不甘心就此放弃，并寄希望于日后能够盈利，但是他们或许并没有认真考虑这项投资之后需要耗费的精力和能够带来的好处是否平衡，面对越来越不景气的投资环境，他们仍旧不会轻易放弃和退出，结果可能导致投资越来越多，亏损越来越大的结果。

最常见的就是当股市不景气的时候，投资者购买的股票价格不断下降，这个时候谁都不会甘心就此抛售股票，因为只要一抛售就意味着亏损，而这样的亏损是投资者不愿意见到的，他们会寄希望于不久之后股市会好转，股价会上涨，而这种不理性的举动常常会让他们亏得血本无归。

在一个大家都相互博弈的投资环境中，个人对于沉没成本的看重往往超乎想象，这使得他们在博弈中变得更加被动，也更加冲动。当股价下跌一部分时，人们并没有意识到自己会面临困境，认为这只是正常的波动。当股价再次下跌时，他们隐约觉得不安，但是仅有的一些投资经验会帮助他们克服这种心理；当股价下跌更为严重时，他们已经意识到问题的严重性了，无论是庄家在操控股市，还是由于市场原本就不景气，总而言之，股价的下跌似乎成为了一种必然，可是经过几次亏损，投资的钱已经亏损很多，这就使得他们抛售股票的决心进一步受到影响，他们接下来会寄希望于扛到股价回暖的那一天，然后重新进入盈利的节奏。当股价跌到最低谷的时候，股民们的亏损严重，这个投资遭遇了惨败。

还有一种情况是，投资者在购入一只股票时，股价开始不断下跌，这个时候为了平摊成本，投资者又在下跌后的某个价位上继续买入，但不幸的是股票仍然在继续下跌。为了进一步分担成本，投资者还会在下一个低位上继续买进更多的股票，但下跌之势仍在继续，最终投资者会越亏越多。

在整个股价下跌的过程中，个体投资者始终都不具备博弈的优势，在庄家操控的股市中，个体投资者的博弈会陷入困境之中。有时候庄家会利用协和谬误的博弈策略来诱导投资者，至少他们一定会利用投资者不甘于在亏损时放弃的心理，继续引导投资者往里面投钱。

从某种意义上来说，协和谬误是一种骑虎难下的困境，陷入困境中的投资者变成了一个彻底的赌徒，而在长时间的赌博中（散户）输的概率远远高于赢的概率，他们是无法在赌博中轻易击败庄家的。如果投资者足够理性的话，就不要将沉没成本看得太重，更不应该让沉没成本影响个人的决策，即便要考虑沉没成本，有时候也要懂得看一看机会成本（简单来说，就是选择做这件事而放弃做其他事情）和未来的收益情况，然后才能制定更为合理的策略。

价值投资领域内的进化稳定策略

一群鸽子占领了一大块玉米地，成为了这块玉米地的主人，但是几只老鹰不久之后也发现了这块玉米地，于是很快成了这里的掌控者，而鸽子只能选择妥协和忍让。这个时候，整个鸟群中鸽子居多，因此老鹰很容易获得食物，它们相对而言会占很多便宜。

由于食物的获取优势非常明显，越来越多的老鹰将会加入进来，这个时候，老鹰的优势反而减少了。因为当老鹰不断增多后，每只老鹰的食物会相应减少，当老鹰的数量达到一定程度后，多增加一只老鹰，就会导致老鹰群体的边际收益趋于零，这个时候老鹰内部就会出现斗争，这就使得老鹰和鸽子的博弈达成了一个均衡。

所以真正的问题是，老鹰根本不会将鸽子全部赶走，而是以一定的比例共存。这样的情况在人类社会也很常见，比如生活中有很多的人喜欢采取强硬的斗争姿态，并将此作为获利的方法，这种斗争策略会吸引越来越多的人加入进来，但是随着阵营的扩大，每个人获得的利益会变得越来越少，此时那些采取好斗策略的人彼此之间会产生竞争，当竞争成本大于获利时，许多人会转向妥协与和解。

这就是典型的进化稳定策略，进化稳定策略是指某一群体或者种群的大部分成员所采取某种策略，而且这种策略比其他策略更占优势。最明显的就是动物之间常常为食物、栖息地、配偶等生存因素进行竞争或合作，但彼此之间无论是竞争还是合作，都不是杂乱无章的，而是具有一定的策略。对任何一个个体来说，最好的生存策略就是看别人在做什么，因为群体或者种群的生存策略具有稳定性和适应性，这种稳定策略决定了群体内相对统一的生存模式，任何成员按照这种模式都会获得更多的优势，而一旦偏离进化稳定策略，就容易遭到淘汰。或者说，在一个群体中，如果占群体绝大多数的个体选择进化稳定策略，那么个别小的突变者群体往往就不可能侵入到这个群体之中。在自然选择和淘汰的压力下，突变者通常只有两种方式：一是想办法改变自己的策略而选择进化稳定策略，一是退出系统直接在进化过程中消失。

进化稳定策略就是一种典型的赢家策略，而这个赢家策略具有的典型特征就是善良和宽容，就如同越来越多的人倾向于像鸽子一样温和，而不是像老鹰那样好斗。在进化论中有足够的证据来证明善良和宽容能够带来更多的盈利，对于如今这个讲求合作与分享的时代，善良与宽容的特质更容易成为优先策略的一部分。不仅如此，进化稳定策略需要一个良好的环境，而这个良好的环境就是一个能够实现稳定策略自我复制的环境。

在投资领域也是如此，从投资进化的角度来分析，价值投资者肯定也会拒绝采取输家策略，而他们的善良和宽容主要体现在不做空、不借钱、不做差价、不抄底，他们会忽视市场的波动，而将大部分精力放在上市公司的分析、研究和判断上面，与所投资的公司共生共赢。不过前面也提到了一点，进化稳定策略是指多数人都在选择的某种策略，且它相比于其他策略是最优的，因此如果整个投资圈缺乏理性，充斥着投机以及混乱无序，那么个人的选择也会受到很大的干扰。比如在1973—1974年，股市曾经出现了一股投机风，结果连巴菲特这样的投资大师也在投资中亏本。正因为当时多数股民都在选择投机，这种恶意策略阻碍了进化稳定策略的扩散，当稳定策略不能实现自我复制时，个人所保持的赢家策略反而会导致自己陷入困境。

当然，在更多时候，进化稳定策略也给巴菲特这样的股市投资者提供了一些帮助，比如动物学家认为动物有自己的进化稳定策略，这种稳定策略主要是：向对手或者猎物发动攻击时，如果对方逃跑，那就继续发动猛烈的攻击；如果对方选择抵抗和反击，那么就选择逃跑和放弃。

　　而进化稳定策略通常也存在几种形态：留驻者赢，闯入者逃；闯入者赢，留驻者退；闯入者攻，留驻者逃；留驻者赢，闯入者退。在这几种形态中，最常见的是"留驻者赢，闯入者退"，这也是自然选择的一种模式，类似于"领土保卫"的模式。如果将其套用在价值投资领域，那么就是一种"长线投资"的坚守策略。简单来说，就是投资者买入股票后长期持有股票，进行长线投资。

　　而长线投资正是巴菲特最擅长的投资策略，最为人称道的是购买可口可乐公司的股票，事实上1987年10月，美股刚刚经历了崩盘，可口可乐公司的股票当时从高点瞬间下跌了30%，这让很多人都对可口可乐公司不太看好，可是1988年秋天，巴菲特就开始大量收购可口可乐公司的股票，一年之后，他持有价值10.7亿美元的股票，这些股票占据可口可乐公司7%的份额。

　　1988—1998年这10年间，可口可乐公司的市值翻了10倍，巴菲特也获得了10倍的收益。而1998年之后的差不多20年时间里，可口可乐的发展开始减速，但是巴菲特仍旧持有这些股票，从来没有想过要出售。

　　许多人认为巴菲特是一个老固执。但实际上他非常擅长把握进化稳定策略，他的长线投资策略成为了很多投资者效仿的方式。依靠着这样长期坚守的策略，他在价值领域一直都享有很大的主动权，也因此积累了丰厚的身家。

　　其实，无论是鹰鸽博弈的分析，还是宽容与善良的特质呈现，其最终都是指向"留驻者赢，闯入者退"这个坚守策略的，因此人们需要改变短期化投资的策略，应该将目光放得更长远一些，尽量以长期视角来对待问题，以长期稳定作为最基本的依据。

做追求稳定型的投资者，还是当一个风险偏好者？

前面一节谈到了分散投资和集中投资，而这两者的最大区别是，分散投资是稳健的投资策略，而集中投资更加希望可以获得更多的利润，当然它的风险也更高一些。从某种意义上来说，投资本身就是一种风险博弈，而风险和回报往往成正比，高风险往往伴随着高回报，因此人们通常都会相信风险越大的投资，个人预期的回报往往也就越高。

在谈到企业家性格的时候，许多人会将企业家的冒险精神纳入到重要性格特征当中来考量。但是对于那些最成功的投资者来说，他们并不喜欢承受风险，并且大都厌恶并逃避风险，比如巴菲特就会尽量选择回避风险，让自己投资的潜在风险最小化；乔布斯也会选择规避风险，尽量避免公司出现一些不确定性的因素；近年来以创新和冒险著称的埃隆·马斯克也承认自己并不喜欢直面风险，他会尽量规避那些风险。原因其实很简单，过于冒险的行动往往更有可能带来失败而不是成功。

尽管许多投资学的鸡汤都在灌输"只有冒险家才能成功"，但如果有第二条更稳妥的道路可供选择，那些投资家都不会优先选择冒险。尽管有些时候，他们会有一些看似冒险的举动，但这并不意味着他们喜欢或者崇尚冒险。对于成功人士来说，冒险有时候是不得已而为之的策略，在多数时候，他们更愿意规避风险，而规避风险本身就是积累财富的一种重要方法。有人曾做过调查，发现大多数世界500强企业都具有一些非常激进和冒险的方案，都具有一些让人感到不可思议的风险决策，但问题在于这些高风险的项目有很多都被束之高阁，高额利润有时候会刺激这些公司，但是归根结底，它们绝对不会轻易以身试险，除非它们被逼入绝境。

有些人觉得巴菲特之类的超级投资者一定喜欢高风险的投资，但事实上恰恰相反，在自己不确定能够把握的投资项目中，巴菲特一直显得小心翼翼。巴菲特一生中发现了很多看起来非常出色的投资机会，他也有实力去尝试着把握这些机会，可是最终由于某些项目投资风险过大而被作废。在很多时候，如果发现风险过高，那么即便是暴利性的行业，他也会主动放弃。可即便是这样，他自己也承认这辈子做出的错误投资绝对不少于成功的投资。

作为伯克希尔·哈撒韦公司的领导者，巴菲特在内部股东的一封公开信中提到了他选择继承人的标准，其中在描述标准的第一条就这样说道："从遗传基因上就已经注定可识别和规避大风险的人，包括那些以前从未遭遇风险的人。"很显然，规避风险成为了他选择继承人的重中之重。那么什么是风险呢？风险主要是指未来结果的不确定性或不利事件发生的可能性。

对于巴菲特来说，任何不确定性都值得考虑和分析，而控制风险的关键在于信息和资料的收集，这是投资者减少不确定性因素或者说将不确定性因素变成可控的要素的方式。

著名的投资大师彼得·林奇是富达公司的副主席，以及富达基金托管人董事会成员之一，他很早就表现出了浓厚的投资兴趣和投资能力，早在上大学期间，他就利用炒股赚来的钱支付大学和研究生的全部费用。这种能力当然不是与生俱来的，关键在于他的一个重要举措：收集信息。正是因为收集到了更多的信息，他才能够更透彻地了解市场，并做出合理的投资决策。

这一点在他工作中表现得尤为明显，在富达公司上班期间，他一直都在努力想办法深入接触和了解证券市场，除了提升专业知识之外，他还经常走访和观察公司，了解公司具体的投资情况，并精确分析最具投资价值的领域。除此之外，他还将目光锁定在其他公司，毕竟投资市场的任何一家公司都是自己潜在的客户或者竞争对手，只有了解这些公司，掌握第一手资料，才能更好地制定投资策略。

事实上，整个投资市场往往充斥着各种各样的谣言，许多散户都会依赖这些谣言进行盲目投资，但林奇是一个非常理性的人，他知道任何一家公司都不会主动泄露内部信息，因此很多谣言根本站不住脚跟，最好的方式就是自己主动想办法去接触这些公司，从中获得有价值的信息。他的炒股格言之一就是："你必须知道你买的是什么以及为什么要买它，'这孩子能长大成人'之类的话不可靠。"

在担任富达旗下的麦哲伦基金主管后，林奇每个月都要走访至少40家公司，回来后还要做信息的收集、筛选和分析工作，这就使得他每周的工作时间高达80个小时。许多基金主管常常会注重享受生活，而林奇则是一个不折不扣的"自虐狂"。

有关林奇投资的故事很多，其中有一个广为人知。某一天，妻子买了一件汉斯公司生产的紧身衣，她说这种产品的销售非常火爆。林奇立即对汉斯公司进行了调查，在掌握了准确的信息后，他马上对这家公司进行投资，最终使得汉斯公司的股价暴涨。

亚当·史密斯是《超级金钱》一书的作者，他对于投资很有研究，经常建议投资新手去了解美国所有的已经发行了公开交易证券的公司，在跨度很长的时间段内，这些知识积累会带来很大的好处。这就是他从巴菲特那儿听到的至理名言，巴菲特多年来一直有看企业年报的习惯，在他的档案室内有188个抽屉都装满了年报，他对于自己想要投资的企业通常都会进行一番详细的调查和了解，而不是盲目投资，可以说他会将风险控制在自己能够了解且能够承受的范围内。

显而易见的是，无论是林奇还是巴菲特，他们在股市博弈中能够获得成功，关键就在于他们在把握投资机会的时候更善于控制风险，对于不了解的事情一定会想方设法收集更多有价值的信息，如果不确定性因素太多，那么就会选择放弃。

总而言之，信息是博弈的一个重要前提，对于任何博弈者来说，只有掌握更多有价值的信息，才有机会在博弈中占据更大的主动权。而对散户来说，由于通常不具备操控股市的能力，只能想办法了解投资信息，确保自己可以对相关的投资项目、投资环境、投资潜力、竞争对手等信息有一个比较充分的了解，尤其是把握大户手中那些主流资金的动向，这是保障投资成功率的一个关键因素。

博弈是不是一种赌博呢？

在生活中，有很多喜欢参与赌博，或者喜欢和人订立一些赌局，可是他们最后往往会发现自己在赌局中输多赢少，一方面他们怀疑自己运气太差，另一方面则质疑有人在赌局中动了手脚。但很多人其实忽略了一点，自己之所以经常会输，可能就在于自己没有掌握一些有效的博弈策略。

严格来说，赌博是博弈的一种，赌博中也存在很多博弈的策略和方法，想要了解这一点，可以看一看下面这个简化版的赌博模型。

假设甲和乙私底下一起下注，而跑马的序号分别是1号与2号，那么在下注的时候，甲可以下注400元买1号马，而乙同样可以跟着下注400元买1号马，或者选择买2号马，然后看看谁的运气更好一些。

通过分析可知，如果1号马跑赢了比赛，那么就会出现两种情况：第一，甲和乙会同时赢得比赛，但是奖金仍旧分别是400元；第二，甲会拿走奖金池中所有的800元，而乙会输掉400元。

如果2号马获胜，那么将会出现两种情况，第一种是甲和乙同时输掉比赛，而由于没有赢家，他们的钱还是可以回到自己手上；第二种是甲输掉了比赛，而下注2号马的乙会赢得所有奖金。

假设双方对于跑马的能力并不知情，而且两匹马看上去势均力敌，那么双方输赢的机会应该是各占一半，这个时候双方的下注更像是赌博，主要是看运气。

但是如果乙突然宣布同时给两匹马下注，那么情况会不会有所不同呢？按照正常的理解，人们肯定会说"在一场比赛中，不是1号马跑赢，就是2号马获胜，两匹马都买的话就意味着一胜一负，这样根本挣不到钱"，情况看起来似乎是这样的，但事实远非如此。如果整个下注的过程中只有乙一个人参与，那么他的下注行为自然没有任何意义，可是考虑到甲也对其中一匹马下注，那么情况将会变得有所不同。

假设甲依然给1号马下注400元，而乙给1号马和2号马分别下注400元，那么接下来的奖金分配就会出现一些有趣的现象。

如果1号马获胜，意味着乙下注2号马的400元会打水漂，此时甲会赢得奖金池中1200元中的一半，即600元，而乙同样也会分到600元，只不过相比于一共下注了800元，他还亏掉了200元。

如果2号马获胜，意味着甲和乙下注的1号马的800元亏掉了，此时甲一无所获，而乙却因为给2号马下注，因此赢得了所有的1200元，扣除下注的800元，他还能够盈利400元。

如果考虑到1号马和2号马势均力敌，双方获胜的概率都是50%，因此从概率的角度可以说，每2次下注中，甲会从1号马的获胜中盈利200元，而从2号马的获胜中亏掉400元，而乙恰恰相反，他从1号马的获胜中亏掉200元，却从2号马的获胜中获得400元的利润。通过分析就可以知道，每下注2次，甲会输掉200元，而乙会赢得200元。如果双方的下注会一直持续下去，那么乙将会获得更多的盈利，这与之前人们猜测的"不输不赢"完全不同。

如果说乙仅仅下注一匹马的行为是带有运气的赌博行为，那么乙给两匹马同时下注的行为就带有明显的博弈策略，而这种策略建立在概率分析和数学运算的基础上。通过这个简单的下注模型就可以推出一点：日常生活中的那些赌局（包括猜球队输赢和猜骰子大小的游戏）中，多数人之所以常常会输多赢少，就是因为有少数人掌握了这个博弈技巧，他们的下注对象绝对不是孤立的某一个目标。当然，现实生活中的下注对象更多，参与者也更多，因此情况要更加复杂一些，但是其背后的逻辑与前面谈到的例子是一样的。

当人们将赌博仅仅当成依靠运气操作的行为时，往往就会陷入被动局面，而那些能够把握赌局背后逻辑的人，更加善于应用博弈手段为自己盈利，考虑到赌场游戏始终是零和博弈，那么多数靠运气的人都会输掉手中的钱。

除了这个模型之外，在其他一些赌博尤其是打牌之类的游戏中，参与者的博弈技巧将会增加他们获胜的机会。比如一些不怎么会出牌的人往往看重牌风，寄希望于抓到一副好牌，他们更擅长借助运气取胜。可是对于一些打牌的老手来说，他们会想办法借助迷惑、威慑等手段来误导对手，这种误导不仅仅在于出牌的方式，还在于语言、动作和表情的表演，他们更善于发动面对面的攻心术。

此外，一些坐庄的人善于观察形势，对于每一个赌局参与者进行观察和分析，并且会针对参与者贪婪、不服输的性格特点制定策略，譬如一个赌客在某一次赌局中输掉了一笔钱，通常情况下他拥有两种选择：觉得手气不佳，立即离开赌桌；选择继续坚持，认为自己会赢得下一局。一般情况下，很少有人会立即离开，多数人都会抱着侥幸的心理，试图在下一局扳回一点本，即便下一局输了，他们还会寄希望于另一个下一局。这就类似于前面提到的协和谬误，沉没成本的存在很可能会让人们变得更加无畏。

假设这个赌客在某一局中赢了一笔钱，那么此时他可以选择拿着这笔钱离开，又或者继续待在赌桌上，而通常很少有人会见好就收，贪婪的心理会促使他们继续留在赌桌上。可以说无论输赢，赌客继续下一局赌博的机会都很大，而正是因为能够抓住赌客的这些心理，赌场的荷官或者赌桌上的庄家往往会想办法刺激对方，诱导他们继续留下来，甚至下更大的注，直到输光所有的钱。

而且赌场通常是一个团队体系，他们会对赌博过程中出现的概率进行分析，在短期的赌博中概率是没有意义的，但从长期赌博来看，概率分析会产生积极的效果。他们会选择更适合的策略来迎合概率分析的数据模型。而对于单独的赌客而言，是没有办法做到如此细致的分析的，自然也就容易在长期赌博中输钱。

　　从各个方面来看，赌博中也有大学问，里面涉及的数学和心理学知识往往有助于提升获胜的概率，如果不能了解和掌握这些知识，那么对于多数人来说，赌博就会变成纯运气的游戏。事实上，历史上那些研究博弈的数学家都曾去赌场做研究和分析，包括赌博的概率模型、以赌客的心理分析，以及赌博中的各种技巧，他们也从中汲取了很多知识，而这些知识反过来也可以成为赌博博弈的一些重要参考资料。

第六章

巧妙谈判，主动改变被动的局面

由于有了更加确切的信息，人们可以有效避免
落入他人精心编制好的心理陷阱中。

"红白脸"策略：引导对方做出最优的选择

亿万富翁卡尔计划购买20架飞机，其中他最看重的10架飞机更是志在必得，可是当卡尔本人亲自与飞机制造商洽谈业务时，却因为价格无法谈拢而告吹。这让卡尔觉得很生气，于是拂袖而去。

几天之后，卡尔找到一位代理人，让他代替自己再去谈生意，由于知道对方是一个比较难缠的生意对手，于是告诫代理说"即便不能购买20架飞机，但只要购买到最中意的10架飞机即可"。代理人去谈判之后，很快就带回了20架飞机的购买合同。卡尔非常吃惊，询问代理人是如何办到的，代理人笑着说："这很简单，每一次谈判一陷入僵局，我便问他们，是希望继续和我谈呢，还是希望和卡尔本人谈。我这么一问，他们就乖乖地说，算了，就按你的意思办吧。"

在这里代理人之所以能够成功，就在于掌握了制造商的心理，他意识到对方既希望出售这些飞机（毕竟订单越多越好），但同时又不想和那些难缠且印象不佳的人打交道，因此他就干脆给制造商设置了一个选择题：是和自己谈，还是和卡尔先生本人谈。在这样的对比之下，制造商只能被迫做出选择，除非他一架飞机也不想卖出去。

从心理学的角度来说，代理人采用的方法就是典型的"红白脸"策略，这个策略的核心部分就是利用谈判者既想与对方合作，但又不愿与感到厌恶的对方人员打交道的心理，自己选择"唱红脸"，那个让人感到厌恶的人选择"唱白脸"。负责"唱白脸"的人往往态度强硬、咄咄逼人，会制造更大的压迫感。而"唱红脸"的人往往态度温和，谦恭有度。这样就可以形成鲜明的对比，而经过对比，对方自然会选择与"唱红脸"的人接触。

这种策略在审讯犯人的时候比较常见，在警察局中，有一个犯人无论如何也不肯招供，警察们虽然掌握了很多证据，但是对他仍旧无可奈何。这个时候，为了突破对方的心理防线，负责审理案子的警察会邀请自己的同事扮演"唱白脸"的角色，给予对方更多的警告和压力，声明一定会继续追查下去并提起诉讼。在这种警告下，罪犯心理可能会出现松动，但是却又不敢和这个态度强硬的警察接触。

这个时候，负责办案的警察找到犯人，明确告诉对方："如果你能够将所有的事情交代清楚，我向你保证我的同事不会再审讯和骚扰你，他会放弃调查和起诉你。"由于经受了前面的恐吓与惊吓，现在好不容易遇到一个态度温和的警察，罪犯在权衡轻重之后，会主动做出选择。而负责办案的警察也就达到了目的。

在家庭教育中，父母双方往往也会拥有明确的分工，一方扮演"唱红脸"的角色，一方扮演"唱白脸"的角色，这种明确的分工可以有效保障孩子服从指令。通常情况下，负责"唱白脸"的一方会给孩子一些警告，"如果不好好学习就会遭遇什么惩处""如果不好好吃饭，就会受到什么处罚"，紧接着另一方会站出来说"软"话："如果你保证会好好学习/好好吃饭，我保证那些惩罚都不算数。"又或者负责"唱红脸"的一方一开始就提醒孩子："如果你不听话，就会遭到父亲/母亲的惩罚，但是如果你听话，我保证一切惩罚都不存在。"

在使用红白脸策略的时候，某一方在与人谈判的过程中通常会寻找一个帮手，这个帮手的目的就是制造新的选择，从而引导对方做出更为合理的选择。一般来说，制定策略的人就是负责"唱红脸"的人，他们会巧妙地在谈判中纳入一个"凶狠且难缠的角色",这个角色并不是搅局者,而是一个降低对方心理预期,引发心理不适的角色,他存在的主要目的就是给谈判对象施加压力,而在巨大的压力下,对方自然会更容易接受看起来更为温和的那一个建议。

在整个谈判中,人们会创造出一个"唱白脸"的角色,这个角色就是一个攻击性很强的武器,主要是为了威慑对方,让对方产生不适与恐惧心理,这样就可以促使对方放弃对抗心理,进一步向合作的道路上靠拢。换句话说,人们会借助一个"白脸角色"来施加压力,从而凸显出自己"唱红脸"的优势。对对方而言,这是一个二选一的题目,要么拒绝合作,然后承受相应的压力;要么选择合作,然后获得"唱红脸"的人所许诺的那些优惠。

从博弈的角度来说,红白脸策略实际上一次制定了两种不同的选择,对于承受的一方来说,拒绝或者妥协都会带来不同的结果,而相比之下,妥协或许是一个更为明智的策略,在两个策略中,这就是一个最优策略。就像文章开头的飞机制造商一样,如果他因为价格原因拒绝了20架飞机的合同,那么将一无所获。但是选择以一个更低的价格出售20架飞机,虽然达不到利润最大化,但至少还是有利可图的。在代理人仅仅提供的两个选择中,制造商几乎没有更好的办法,只能选择两者中最优的那个。

当然,如果飞机制造商足够精明的话,可以不必理会唱红脸的代理人,不必理会代理人开出的条件,他只需要将目光放在唱白脸的人身上即可,因为那里才是他真正能够讨价还价的地方,他需要阐述自己想法的合理性与充分性。这样的举动有些冒险,但是同代理人一样,他其实也可以反戈一击,告诉对方:要么花重金买下20架飞机,要么一架也别想买走。毕竟买家同样也表现出了合作和妥协的一面——卡尔的确很想要获得那些飞机。

因此,作为做出选择的一方,完全可以针对他人使用的"红白脸"策略做出回应,而这种回应不仅仅需要胆量和勇气,还需要看一看双方之间的利益差距有多大,如果差距不大,那么就没有必要冒险对抗,如果差距很大,就值得进行进一步的博弈。

时间是获得策略优势的重要资源

吴先生想要收购一批陈货，于是就找到了何老板，提出以50万元的价格收购这批货物。这个价位相比于价格最高的时期已经下降了50%，这自然难以让何老板感到满意，他觉得即便自己的产品比不上巅峰期的价位，但是打包出售的价格达到65万元左右还是有机会的，所以他拒绝了这个报价，并希望对方可以将价格抬高到65万元。

吴先生知道任何产品只有在销售最火爆的那段时间才能卖到更高的价格，一旦市场出现饱和或者产品准备更新换代，价格就会迅速降低。而目前市场上的新产品即将发售，此时何老板如果再不出手，那么恐怕会将这批货砸在自己手里，到时候恐怕贱价出售也难以找到买家。正因为如此，吴先生表现得不慌不忙，依然每天去何老板那儿问价，当然两个人每次都没能谈拢价格。

随着日子一天天过去，何老板渐渐有些坐不住了，他也意识到了自己时间越来越少，如果再不出手，那么一旦新产品上市，自己受到的冲击就可想而知了。为此，他主动打电话给吴先生，表示价钱可以再商量一下，并且开出了60万元的价格。这样的价格对吴先生来说尚可接受，但是距离50万元的理想价格仍有差距，因此他委婉拒绝了对方的报价，并坚信对方还会主动联系自己。

两天之后，何老板打来了电话，表示自己还可以再降一些钱，但是吴先生还是觉得价钱偏高了。又过了几天，一些厂家开始为即将上市的新产品打宣传广告，这时候吴先生意识到最佳时机已经到来，于是找到何老板商量购买事宜，这一次，何老板只能无奈地答应以50万元的价格卖掉了产品。

在整个过程中，吴先生最大的优势不是能言善辩，也不是自己实力雄厚，而是自己拥有足够的时间，而对方最大的劣势恰恰是时间太少、太紧迫。由于时间问题，吴先生始终可以不慌不忙，这让他得以在谈判中做到从容不迫、立场坚定。而反观何老板，由于新产品即将上市，因此旧产品的出货时间就会不断被压缩，随着时间的推进，何老板妄图"等待对方率先做出妥协"的愿望会逐渐落空，而且形势对自己会越来越不利，这让他面临着更为艰难的决策。

在日常生活中，时间是一个最容易被忽视掉的资源，但时间在很多博弈环境下都会发挥重要的作用。比如超市每隔一段时间会进行促销，牛奶、水果以及其他一些保质期比较短的食品都会贴上优惠的标签，这就是时间在发挥作用。毕竟对超市来说，如果不通过选择降价来吸引消费者，那么最后等到产品过期会做下架处理而导致一无所获。

一个即将赶车的人去商店购物，那么商店就占有了时间上的优势，店员可以继续保持压迫。这个时候赶车的人想要压价会变得很困难，因为他的时间太少，如果继续和商家僵持下去，那么可能会被迫放弃购买。

有时候时间是针对谈判来说的，即谈判时间越来越短的时候，谈判双方谁更占据优势。比如两家公司约定好了两天的谈判时间，如果双方没能在两天之内谈拢，那么整个谈判工作就会被迫取消。所以当距离谈判结束时间越来越近的时候，如果双方都没有达成一致，那么此时就要看这一次谈判对哪一方更有利，换句话说，这一次谈判对哪一方更加重要。

简单来说，如果一方拥有多个潜在的合作伙伴，即便这一次的谈判不成功，也有其他的合作好伙伴可以拉拢。因此他们虽然希望这一次谈判能够获得成功，但是并没有将希望寄托在本次谈判上。而另一方则非常看重这一次合作，毕竟他们在近期只有这么一个潜在的合作伙伴可以拉拢，这个时候他们会更加看重谈判，这样也就使得他们会随着谈判时间的消耗而变得更加紧张和被动。

还有一种情况是，这次谈判成功后，某一方将会获利很多，而且此次获利占据了总利润很大一部分。而对于另一方来说，即便谈判成功，带来的利润也只是总利润中很小的一部分，这个时候，后者就比前者更占优势。

无论是哪一种情况，时间更加宽裕或者没有时间限制的一方往往会占据优势，而时间比较紧迫的一方容易被人抓住这个弱点并进行针对。这种针对往往就是一种博弈策略，其目的就是更好地压制对方，迫使对方进入更加被动的状态。一旦时间耗尽且对方退无可退的时候，只能被迫接受相关的条件。

需要注意的是，这里所提到的时间有一个限度，但无论是时间宽裕还是时间紧迫，都是相对于事件本身而言的，有些项目可能需要一两年，一两天的时间消耗根本不会产生任何影响。而有的项目必须在几天之内完成，此时一天甚至是几个小时的谈判时间也会显得非常重要。

一个有趣的调查结果显示，谈判中80%的让步与妥协都发生在最后20%的时间里。这几乎也可以称得上是一种另类的二八法则。在很多谈判中都可以发现这样的趋势，在谈判开始之前，双方都主张试探，随着双方都亮出自己的筹码时就会进入一段较长时间的拉锯战，在这个僵持阶段，双方并不急于妥协，可是随着时间的推移，某一方的时间劣势可能就会慢慢显露出来，这个时候他就会慢慢陷入被动状态。而对另一方而言，时间就成为了博弈的重要武器。

所以对于谈判双方而言，对于时间的掌控非常重要，合理运用这种资源，可以在谈判博弈中获得更大的优势，相反地，如果先天优势不足，还缺乏调控和应对的手段，就可能会遭受巨大的压力。

必要的时候可以下达"最后的通牒"

一个商人正在与自己的供应商商谈产品的价格，供应商认为单位产品的定价为1500元是合理的，但是商人的理想价格是1400元，双方在价格上开始产生分歧并为之进行多次交锋，但是每一次谈判都无疾而终。眼下商人很难找到第二家这样规模的供应商，而这家供应商也很难找到这样一个大的买家。可以说双方对合作非常看重，但是由于双方都没打算让步，价格一直都没能谈拢。

为了占据博弈的主动权，商人对供应商进行了调查和分析，他发现这家供应商的生产成本比较高，扣除各种成本之后，实际上每一件产品的盈利大概有300元（按照1500元的标准），因此即便价格降到1400元一件，也会有200元的盈利空间。

而反观自己，在扣除了杂七杂八的费用之后，每一件产品的盈利只有150元（按照1400元的单价作为标准），如果价格上升到每件1500元，那么就意味着单位产品的盈利只有区区50元，这样的价格显然触动了商人的底线，他不可能做出什么让步。商人对供应商的情况做了一定的了解，而且确定供应商也对他的处境同样做过调查。

面对这样的局面，商人应该如何去做呢？最简单最直接的方法就是下达一个最后通牒："要么成交，要么取消。"接下来，供应商会怎么做呢？如果他还是坚持自己的报价，那么最终会失去这单生意，收益变成0，商人也会失去这些产品而无法获得一分钱的盈利。从最终的结果来看，双方似乎都没有获得任何好处，但这并不意味着供应商就会理直气壮地接受这个局面。原因很简单，因为供应商一旦接受商人的报价，每件产品至少还能盈利200元，而一旦拒绝这份报价，将会从200元直接降成0。相比之下，商人接受供应商的报价每件产品只能获利50元，拒绝报价后降为0。一个是从200元变成0，另一个是从50元变成0，两者之间的落差并不相同。

经过分析，供应商在拒绝商人报价后必须承受更大的损失，相比之下，商人的盈利空间本来就小，不合作造成的损失并不算大，从心态上来说，他应该有更多的底气进行谈判。当然，持久战并不适合他，他需要给出一个"最后的通牒"，这样就会给对方施加很大的压力。而在巨大的压力面前，供应商可能会率先妥协。

最后的通牒通常都存在于占据优势的一方，他们承担的风险更小一些，承受的损失也更少一些，因此他们为了逼迫对方接受自己的要求，就会以"最后的通牒"的形式施加压力。在上面这个案例中，供应商就不会盲目触犯商人的神经，他会期待着发动一场持久战，慢慢消磨商人的耐心，即便最后商人做出一点点的让步，对他来说也是一种胜利。或者说供应商也明白自己做出让步后还是有利可图，这比一分钱也挣不到要好得多，因此他做出让步的可能性或者议价的空间更大一些。所以他不可能下达最后通牒，除非意识到对方非做这笔生意不可。还有一种可能是供应商决定报复商人"鲁莽且不够礼貌的举动"，因此即便牺牲自己巨大的利益也不惜要惩罚商人。

对于耗时很长的谈判而言，最后的通牒并不是一个明智的博弈策略，或者并不是一个优秀的博弈模型，通常情况下这是交涉最后阶段才会出现的一个模型，但是在某些特定时刻，这种策略是正确的。而且最后通牒的策略是建立在假设对方具备自利倾向的基础上的，也就是说对方会综合各个因素来衡量自己的收益，而不是意气用事，宁可牺牲自己的利益也要让对方难堪。

在下达最后通牒时，参与者必须对形势进行充分的分析，并且尽量控制好一个度。比如在上面的案例中，如果商人做出了调整，要求供应商出价1300元，这样供应商的盈利可能会缩减为100元，而商人的盈利会变成250元。在这个时候，商人的盈利空间会增大、议价空间也会增大，此时如果贸然使用"最后的通牒"的谈判策略，就容易激怒供应商，对方可能会冒着"我不挣这100元的钱，也不让你挣到一分钱"的想法行事。毕竟相比之下，供应商即便不做这笔生意也不过是损失了100元的收益，但他却为此破坏了商人250元的盈利。

这个时候被激怒的供应商可能会认为商人破坏了公平，从而选择"消极"的方式，很显然，如果商人能够提前预知这一点，就不会也不应该下达这样的最后通牒，不会试图去激怒供应商。"不让对方好过"通常是一种消极互动的方式，这种方式在日常生活中非常常见，比如两个人因为一点小事而发生纠纷，原本双方可以通过庭外和解达成共识，这样对双方都有利，可是当一方觉得另一方的要求有些过分时，即便自己能够获得一些好处，他也要提起诉讼，这样一来自己不仅要支付不菲的诉讼费，而且最终还会将双方的关系搞得更僵。

总而言之，下达最后通牒的一方往往在名义上占据一些优势（损失相对更少一些），但这种优势本质上是为了维持均衡的需要，参与者也会坚持公平原则（让别人觉得公平，而不是绝对公平），这时候最后的通牒仍旧属于行为博弈论的范畴。

是坚持主动辞职，还是等着被辞退？

在职场上，一旦职员与自己的工作不相匹配，或者存在一些矛盾，就会出现两种情况：一种是用人单位觉得职员的工作表现不好，难以胜任这个岗位，或者说无法在岗位上创造价值，因此决定辞退和解雇对方。另一种则是职员觉得自己不适合做这份工作，或者觉得待遇太低，决定离开这个用人单位，这个时候他们会选择辞职。

辞职或者辞退是职场上非常常见的现象，但是许多人常常会因此而产生困惑，这种困惑就来源于利益诉求的问题。按照国家劳动合同法规定，用人单位在辞退和解雇员工时，必须支付一定的补偿金。如果是职员个人决定离职，那么用人单位就没有必要支付这笔钱。正是因为存在补偿金这样的利益诉求，辞职和辞退往往会演变成一场精彩的博弈大战。

对于职员来说，他在博弈中拥有两种策略：第一种是主动辞职，一分钱也拿不到就走人；第二种是被用人单位解雇，然后拿到一笔补偿金。

对用人单位来说，同样具备两种策略：第一种是主动辞退无法创造更多价值的职员，大不了支付一笔补偿金；第二种是坚持不表态，等着让职员主动提交辞呈，然后顺水推舟送走对方，并因此省下一笔钱。

对于职员来说，最优策略就是被辞退，这样自己既可以离开公司，又能够拿到一笔补偿金；而对于用人单位来说，逼迫职员自己主动离开是最优策略，这样可以不花一分钱就赶走"不合格"的职员。考虑到双方的利益诉求不一致，因此很有可能会产生一个奇怪的现象，那就是职员根本不主动提出辞职，而是等着对方解雇自己，但用人单位也不会主动解雇职员，双方就会选择一直耗下去，看看谁会最终妥协，但是从长远来看，对于双方来说都是双输的局面。

这个时候，双方尽管都借助规则来行动，而且尽量选择对自己有利的策略，但是容易陷入挣扎的困境之中，打破这种困境其实并不难，那就是要求每一方对自己做出决策后的收益与损失（包括潜在收益和潜在损失）进行分析，看看自己的行为策略是不是划算。比如职员如果打定主意要等着对方解雇自己，那么就要计算对方支付的那一笔补偿金是否能够弥补自己在放弃这份工作后的收益。通常情况下，由于情绪上的体验没法计入收益，但是如果职员有机会获得新工作，那么就应该以机会成本的方式进行计算。

假设该职员找到了一份称职的新工作，工资比现在要高很多，比起补偿金要更加诱人，那家公司提出了条件：该职员可以立即辞掉现有的这份工作，然后去上班。但是如果他不能在月底前上班，那么这份新工作将会让给他人，毕竟新的用人单位不会一直干等下去。面对这样的情况，职员坚持不主动离职的机会成本就太大了，他必须尽快办理离职手续。

如果该职员没有找到工作，而且换新工作还需要找房子，那么他就不着急离开，可以适当往后拖一拖，将压力推给用人单位。

同样地，用人单位也需要对自己做出的策略可能产生的影响进行评估，如果眼下还没有找到更好的替代者，那么就不用着急解雇职员，毕竟有人做事总比岗位空缺在那儿好一些，至少还是可以创造一些价值的。如果用人单位早就物色好了相关人选，而且这个潜在的人选工作能力更强一些，能够创造更多的价值和利润，那么长时间留着那个想要离开的职员就不太明智了，它需要尽快摆脱这个累赘，为此支付一些赔偿金也在所不惜。

由此可见，无论是职员还是用人单位都必须开阔自己的眼界，立足于长远的收益来看待问题、分析问题，对比一下自己可能获得的东西与失去的东西。而从现实来看，人们不可能无限期等待下去，职员在一个自己不喜欢或者做得不开心的工作上过度消耗时间，不仅会影响自己的情绪，耽误时间，还会影响自己寻找新工作。对于用人单位也是一样，让一个对工作失去兴趣且表现不好的职员长期待在工作岗位上并不明智，考虑到双方之间的关系越来越糟糕，这样做还会影响整体的协作和运作。

如果有可能的话，用人单位和职员之间应该进行一次坦诚的交流，双方应该拿出一点诚意进行谈判，比如当职员主动提出辞职后，用人单位应该给予适当的补偿金；要么用人单位主动辞退职员，然后适当给予一些补偿金。这样一来，双方就可以在妥协之后达成一个彼此都还算满意的方案。

在现实生活中，更多时候都是用人单位直接解雇员工，他们更加不喜欢等待。而当职员和用人单位之间因为补偿金问题发生争执并且双方难以协商的时候，通常会通过工会之类的组织来建立可协调的对话机制，尽量避免发生正面的激烈冲突。或者也可以由一方提出仲裁，这些都是相对比较经济的方式。

先满足别人的要求，
以此来增加他们做出反抗的成本

一家公司招聘了20名新员工，这些新员工一开始对于公司的薪水并不太满意，因此并没有对这家公司动心，也不打算在这家公司长留，他们准备工作几个月时间看看情况，一旦公司的发展空间和工资上升空间不大，他们就跳槽。公司对员工说可以在这里工作一段时间，公司不会强迫他们签订合同，不仅如此还会帮助他们在附近找好住房。

半年之后，公司只给每个人每月增加了1500元的工资，而其他一些公司在员工度过实习期后会增加2500元的工资，几个人觉得很吃亏。可是这时候他们并没有喊着要跳槽，原因很简单，因为他们觉得虽然公司目前的待遇不怎么样，可是眼下房子不好租，换家公司后也许工资会高点，可是换房子的代价太大。

在这里，公司的负责人无疑使用了这样一种高明的博弈策略，那就是先满足对方提出来的一些要求，顺从他们的想法去做事，等到对方习惯了某个环境或者某种做事方式之后，人们就可以抓住主动权，提出更多的要求，而这个时候，对方想要做出反抗，就会对自己反抗行为所产生的结果进行权衡，或者对自己的反抗成本进行评估，一旦他们意识到自己将会为此付出很多成本和代价，就会选择屈从。可以说，公司主动为员工解决租房的问题，这就相当于为自己日后的谈判增加了一个最有效的筹码。

这种博弈通常会被用于管理之中，如果人们对职场有所了解，就会发现很多底层员工对于公司高层的指令并不那么在乎，他们实际上也是比较难控制和管理的一批人，原因就在于底层员工的流动性本来就很大，他们违抗指令的代价并不算大。而对于那些中高层干部来说，他们无疑会对上级指令更加服从，因为这些中高层干部通常知道一旦自己违反了规定，可能意味着自己会失去这份来之不易的工作，相比于底层员工，他们反抗的成本实在太大了。

通常情况下，人们获得好处之后会变得更加听话，而这并不仅仅是因为他们受到了激励而准备做出积极的回应，有时候更在于担心一旦不听话就会失去到手的利益。因此，如果想要操纵或者管理好一个人，或者想要让一个人接受自己的要求，那么最好的方法就是先给予对方一些利益上的满足，先给对方创造一些优越的条件。等到对方习惯了这一切之后，操纵者就可以提出自己的要求，而这个时候，对方由于担心自己辛辛苦苦得到的那些利益会失去，只能被迫接受这些条件。这种先给予然后谈条件的方式，往往比直接向对方提要求更加有效。

在日常生活中，这样的情况非常常见，比如有个人准备结婚，在结婚前妻子和他约法三章，必须戒烟戒酒，而这是自己嫁人的唯一要求，他满口答应下来。结婚之后的一段时间内，丈夫能够按照当初的约定，保持良好的生活习惯。可是等到孩子几岁之后，妻子发现丈夫又开始抽烟喝酒，可是这个时候她只能从旁唠叨几句，丈夫对于妻子的警告也不像过去那样放在心上，原因很简单，如果说没结婚之前，女方还可以以戒烟戒酒作为谈判的条件。可是结婚之后，妻子的筹码会不断减轻，因为丈夫明白妻子不可能会因为这些生活习惯而和自己离婚，这样对她来说，成本太大了。

许多人会发现自己的另一半在结婚之后身上的缺点越来越多，但是他们在厌烦的同时并不会提出过分的要求，因为相比于恋爱期间的自由选择，婚姻、家庭和孩子的存在往往会增加他们博弈的成本。

尽管很多时候，它看上去更像是一个比较负面的博弈策略，但是在很多时候同样会产生积极的影响。比如在家庭教育方面，一些家长常常会直接告诉孩子"不听话的孩子根本不可能获得奖励"，但问题在于如果没有让孩子感受到"奖励"，他们很难建立起那种意识。所以更聪明的父母通常会先给孩子一些"甜头"，比如给他们购买好的玩具或者美食，等到孩子适应了这种生活之后，父母就开始提出自己的教育要求，和孩子约法三章，而且会旁敲侧击地告诉孩子"一旦不听话，将会收回那些礼物，而且以后也无法获得美食"，孩子通常会担心自己一无所有而听从父母的教诲。

　　这一类博弈往往伴随着收买的性质，但是比起单纯的收买，它的影响力更大一些，一旦人们获得了利益上的满足，往往就会形成利益上的依赖，这个时候获得的利益反而成为了制约他们做出决策的最大阻碍。不过，想要这些利益发挥出最大的制约功效，那么就要达到一个基本标准，那就是人们所支付的利益必须足够诱人，通常必须迎合对方的最大需求或者会产生很重要的影响。比如之前提到的给新员工安排住宿就是一个对员工生活产生重要影响的利益点，员工不可能轻易放弃。反过来说，如果一方提供的利益并不大，或者并不是一些不可或缺的东西，那么对方受到的制约就很小，一旦人们提出来的要求超出了对方的心理承受能力，对方就可能果断地提出拒绝和反抗，这个时候，相关的博弈策略和谈判手法也就会失效。

从简单的小要求开始，
逐步提出更高的要求

　　1975年，心理学家恰尔迪尼做了一个著名的实验，他帮慈善机构做募捐时发现使用不同的话往往可以产生不同的募捐效果。一开始他在募捐时这样对路人说："请您募捐一下。"结果捐款效果并不好。接着他改变了说话的方式，变成了"谢谢您募捐，哪怕您只是捐一分钱也很好"。没想到轻微的改变直接使得捐款的数量增加了两倍。

　　恰尔迪尼于是对这两句话进行了分析，发现当自己说第一句话时，路人并不清楚自己应该捐多少，往往少给一点或者干脆不捐。而听到第二句话的人却这样去想："一分钱根本不多，我何不多捐一点呢？"而当他们掏钱之后，往往会碍于情面再多掏出一笔钱，结果钱越捐越多。从一开始，恰尔迪尼就希望人们多捐一点钱，而这样一句话刚好起到了推动和引导的作用。

　　在这个实验中，恰尔迪尼证实了一点，那就是个人可以通过一些小要求来引导对方接受一些更大的要求，而这里涉及了心理学中一个著名的效应：层递效应。层递效应大致是说某人在对他人提出一个高的要求之前，不妨先提一个小要求，等到对方接受这个小要求后，再提出一个更高一点的要求，这个时候接受了小要求的对方为了确保认识上的统一，或者为了确保能够保持前后一致的印象，往往会倾向于接受更高的要求。正因为如此，提出要求的人可以逐步提高要求，而所有提出的要求都会成为对方接受下一个要求所面临的压力，通过这种推动方式，往往就可以达到预期的目的。

这个效应与承诺一致原理有一些相似，心理学家认为"一旦我们做了某个决定，或者选择了某一种立场，常常不得不面对来自个人以及外部的各种压力，在这些压力下，我们会迫使自己在接下来的言谈举止中迎合此前所做出的承诺，并且确保自己所做的一切都和之前的表现保持一致，在整个过程中，我们会不自觉地采取某种行为来证明自己之前的选择或决策是正确的，也是很有必要的。承诺一致原则实际上是一种忠于自己此前所做出的承诺的心理机制，做出承诺的人无论是主动承诺、被动承诺、有意识地做出承诺，还是无意识中的承诺，最终都会践行它"，这就是承诺一致原理，从某种程度上来说，层递效应的发生也是建立在这个原理的基础上。

层递效应在日常生活中非常常见，比如人们经常会去商店购买衣服，但购买到称心如意的衣服后，原本极力推荐衣服的店员会推销起裤子和鞋子来。店员通常会找到一条与衣服非常搭配的裤子，然后搭配上一双鞋，尽管一开始顾客并没有将裤子和鞋子纳入到采购计划当中，可是到最后很多顾客都会将衣服、裤子、鞋子一起打包买回家。

许多人并没有意识到自己在整个购买过程中一直都被对方牵着走，他们中的一些人甚至回家后也没有意识到自己究竟为什么要购买裤子和鞋子。可是如果对整个销售活动进行分析就会明白，从一开始店员就已经想好了要将整套服装搭配卖给顾客，只不过一开始就让顾客购买衣服、裤子和鞋子，可能会遭到拒绝，所以干脆先想办法推销自己的衣服。等到衣服卖出去之后，就会顺势拿出裤子让顾客试一试，即便顾客表态推辞，但是店员仍旧会从容不迫地告诉对方"试一试不要紧"，可是一旦顾客真的试穿裤子之后，店员会认为裤子和衣服很搭配，非常值得购买，而此时承诺一致会产生作用，顾客会认为试穿也是一种隐晦的承诺，而层递效应也迫使顾客产生一种想法"既然买了衣服，那么买下裤子似乎也是理所应当的"，在强大的心理机制影响下，顾客会听从店员的建议买下裤子。同样地，接下来，店员又会诱导顾客买下鞋子。

在整个过程中，顾客看上去拥有自主选择"买"或者"不买"的权利，但实际上他们都是被店员一步步推动着往前走的，或者说他们的购买行为从一开始就被列入到店员的推销计划之中了。从顾客走进店门并谈到要买衣服的问题时，店员就开始在大脑中制订一个大致的计划，裤子和鞋子已经被列入该计划之中，只不过由于担心一次性推销那么多产品会引发顾客的抗拒，于是会选择循序渐进的方式：先劝说顾客买下衣服，然后借助这个势头给予对方一些心理暗示（保持一致的印象），从而导致顾客被人为地催生出购买裤子的欲望。接下来，店员会进一步将鞋子推销出去。

层递效应之所以能够发挥作用，就在于它具有比较强的引导性，以至于很多时候，当人们意识到别人提出的只是一个"微不足道"的要求而满口答应时，其实就已经不知不觉中踏入了一个心理门槛，而且很难再退出去。当更高的要求到来时，人们会发现前后两个要求之间的这种继承关系，他们很难做出拒绝，于是会顺理成章地接受。自然而然，新的更高的要求又会接踵而来，而人们已经无法安然抽身。可以说，第一个看起来"微不足道"的要求其实更像是一个诱饵，面对这个诱饵的时候，人们很容易降低防备心，以服从的心态去面对，而当自己上钩后就已经很难脱身了，迫于压力，他们会继续接受和让步。

在销售领域和商业谈判中，层递效应比较常见，一些专业的销售人员和谈判人员会想办法使用这个效应来引导顾客或者客户。在生活中，当人们求人办事或者委托对方做一些难度比较大的事情时，求人的一方也会以"小要求"为诱饵，引诱对方一步步进入心理门槛，最终被迫接受更大的要求。除此之外，家庭教育也常常使用这个效应，父母一开始不应该给孩子太多的要求和条条框框，而应该让孩子做一些很轻易就能做到的"小事"，等到孩子做好这些事情后，父母可以提出更多难度更高的要求，这个时候孩子会逐步适应这些要求。

层递效应从本质上来说就是一种高明的谈判手法，其主要方式就是利用人们追求前后一致的心理进行引导，从而逐步引导对方接受自己提出来的要求，或者让对方按照自己预期的要求去做。

人事管理的贝勃定律

一家公司最近准备进行人事调动，老总准备下调几个部门内老员工、老干部的职位，由于这些老干部的工作能力和视野都已经落伍了，不再适合担任一些要职，因此这一次的人事变动非常有必要。但是由于这些部门是公司内部的重要部门，如果处理不当可能会引发部门内部的大地震，导致公司的管理陷入困境。更重要的是，这几个部门的老干部一直都跟着自己创业，兢兢业业，如果处理不当就可能会影响其他员工对公司的忠诚度。

一方面，公司为了保持持续性的发展，内部人事调动势在必行；另一方面，人事调动的风险很大，可能会引发很大的反弹。面对两难的境地，这家公司的老总应该如何进行抉择，又该如何制订人事改革的方案呢？在面对这个问题的时候，许多人都会一筹莫展，无论是尊重老员工，还是拿出大刀阔斧改革的勇气，都容易制造混乱。而想要解决这个难题，可以先看一个现实生活中的案例。

某个城市最近一段时间物价疯涨，蔬菜的价格平均上涨了80%，超市里的一些生活用品价格也开始大幅上涨，不仅如此，就连报纸也从原先的2元钱一份上涨到了5元钱一份。面对这种局面很多人都大呼"受不了"，觉得自己的生活受到了很大的影响。一段时间之后，房地产领域又开始爆发，房价从原来的每平方米18 000元上涨到每平方米20 000元，而这一次的涨价并没有引起民众的惊呼和不安，大家都像没事发生一样。

如果仅仅进行对比，一份报纸涨价后不过是涨了3元钱，蔬菜上涨后可能只是多了几元钱，一些生活用品涨价后可能会多出几十、几百元，而房价上涨2000元之后，整体的价格可能上涨了几十万元。那么人们为什么在面临几十万元上下的变动时，会表现得相对理性和冷静呢？原因就在于在经历前面的物价飞涨之后，民众对于房价上涨的第二次刺激已经习以为常了。

这样的现象涉及了一个著名的心理学效应：贝勃定律。贝勃定律是一个社会心理学效应，简单来说，就是指当人经历某种强烈的刺激后，情感和情绪会受到很大的影响，但是第二次再施与的刺激对他（她）来说反应并不大，因为从心理感受来说，第一次大刺激已经冲淡了第二次的刺激，而且相比于蔬菜的翻倍，房价的上涨幅度并不算大。贝勃定律解释了民众在物价上涨之后，面对房价上涨时的无动于衷，而这个定律同样适用于一开头谈到的人事调动问题。

如果公司的老总是一个足够聪明的人，那么一开始就要慎重拿这些元老级的老干部开刀，而应该想办法设置一些能够缓冲这些刺激的行动。具体的做法就是，老总先在公司内部展开轰轰烈烈的人事调动活动，先对那些目标之外的员工进行大规模的调动，甚至开除那些业绩不达标的人。通过这种大规模的人事变动和调整，许多老干部也会受到冲击和刺激，等到大家在这样的改革行为中慢慢镇定下来之后，老总再将矛头对准自己重点改革的目标，或者他还可以发动第二次、第三次人事调动，然后在第四次对准自己的目标，而这个时候，经历了前面几次人事大变动带来的刺激后，人们的神经已经变得相对麻木了，因此他们相对地更容易接受自己的命运，其他人也不太可能继续对这种调动进行太多道德上的指责，他们很可能会见怪不怪，表现得漠不关心。

在一些惩罚性的管理方案实施之前，或者在一些可能损害某一部分人利益的方案出台之前，为了尽可能减少阻力，最好的方式就是先提前给予其他一些强烈的刺激，然后通过这些刺激来淡化这些方案出台带来的冲击力。这种管理模式更像是管理者与被管理者的一场游戏，而游戏的范畴实际上远比例子中所呈现的更加广泛。

类似于裁员、取消福利、降低工资、降低职务之类的事情都可以采取贝勃定律来解决。反过来说，在一些激励性或者奖励性的管理措施中，管理者则要尽量避免贝勃定律带来的负面影响。一个最简单的例子就是加工资，许多公司都会给员工加工资，但是不同的加工资的方式往往能产生不同的激励效果。

比如有三家企业为了提升员工工作的积极性，准备给员工增加工资，假设增加工资的次数为3次。

其中第一家企业给员工的起薪是3000元，因此第一次加薪时，公司给每一个员工一次性增加了1500元，员工的积极性提升了不少，工作效率提高了20%，公司的产量也提升了30%。一年之后，公司再次加薪1000元，这一次，员工的工作效率上涨了10%，公司的产量也上升了15%。可是第三次公司再次增加500元的工资时，员工的效率几乎没有任何增长，总产量也只是象征性地提升了2%。

第二家企业给员工的起薪也是3000元，但是第一次给员工加薪800元，第二次给员工再加薪1000元，第三次给员工加薪1200元，而这三次加薪，工作效率每次都保持17%以上的增长，总产量也保持24%以上的上涨势头。

第三家企业同样给员工3000元的起薪，第一次给员工涨薪1000，第二次涨薪1000，第三次再涨薪1000，在三次加薪的过程中，效率和产量一直都在上升，但是上升的幅度越来越小。第一次加薪，效率增加了18%，产量上升了26%；但是第二次加薪，效率增加了13%，产量上升了17%；第三次加薪，效率提升了6%，产量增长了8%。

通过对比就会发现，第二家企业的加薪方式更为合理，而这种合理性就在于管理者对于贝勃定律的反向运用。按照这个定律，如果一开始就给予员工更大的刺激，那么之后的小刺激就会失去诱导性，可以说第一家企业第一次加薪用力过猛，虽然在短时间内刺激了效率和产量，但是随着加薪幅度的降低，员工受到的刺激也会越来越低，尽管仍旧增加了工资，但是他们的积极性很难被调动起来。而第三家企业也是一样，由于第一次加薪、第二次加薪和第三次加薪都是一样的，员工受到的刺激并没有什么提升，反而会逐渐下降。只有第二家企业掌握了这个要领，通过逐步提升刺激力度来维持员工的积极性。

除了以上几种形式之外，贝勃定律在谈判中也很常见，比如管理者希望员工改变工作当中的一些缺点，或者要求他们为工作做出一点改变时，不要着急将自己的心里话说出来，而应该从一开始就先给予对方很多的表扬和奖励，等到对方心花怒放的时候，再提出一些改进的意见和建议。由于此前接受了激励性的刺激，员工可能会对接下来的小批评虚心接受。

无论如何，使用贝勃定律的关键就在于通过前后两次不同程度的刺激对比来降低人们在后一次刺激中的体验，而这就为人们操纵他人的情绪创造了一些有利的条件。

积极利用权威来提升自己的影响力

在日常生活中，常常可以发现这样一些现象：股民每天都会关注经济分析师和预测师在电视和广播中所谈论的股市走向；关注健康的人常常会把营养师或者养生学大师的观点奉若圭臬；病人对于医生的话毫不怀疑；诉讼者对于律师的话也是言听计从；下属很少会去质疑上司的指令和决定。

那么为什么人们会倾向于听从某一小部分人的话，即便这些话有时候是错误的？或者换一个角度来说，那一小部分人究竟是依靠什么来操纵大家的想法和思维的？他们让大众听话并服从自己的秘诀是什么？

如果进行分析，答案只有两个字：权威。正因为那小部分人代表了权威，或者他们所说的话具有很大的权威性，他们才能够轻易地控制他人。尽管每一个人都有自己的想法和思维，每一个人都渴望赢得他人的认同，但在权威面前，人们通常都缺乏优势。在多数人看来，权威人士掌握了更多的信息，并且地位比较高，对相关事物拥有绝对的话语权，所以大家都会毫不犹豫地服从权威。

在现实生活中，人们大都具有服从权威的心理，也正是因为这一点，人们常常会利用这种"服从权威"的心理。最明显的例子就是为某款产品打广告，一家经销商或者企业如果直接出售自己的产品，尤其是那些之前没有什么名气的新产品，究竟会有多少消费者愿意买账呢？对于挑剔的消费者来说，他们通常都会谨慎地选择自己所要购买的东西，而不是随便就挑选一款。

为了吸引消费者的关注，最简单的方法就是提高产品的权威性，而提升权威性的方法有很多，最常见的分为两种：一种是直接花费巨资在电视台上做广告，类似于在黄金强档的时间段打广告或者在央视上打广告，都是制造权威的好方法。消费者会这样去想："这款产品已经在最好的电视频道上打广告，那就意味着它的质量非常好，名气也非常大，是一款有实力的好产品。"

第二种就是邀请明星进行代言，这也是比较常见的宣传手法，毕竟明星的知名度比较高，而且身价不菲，如果让明星代言，那么对于产品知名度的提升很有帮助，消费者也会觉得这款产品非常上档次。在这里，明星代言成为了该产品最大的标签。

在社会生活中，权威代表了秩序和规则，代表了能力和希望，代表了正统和可信度，而人们通常不会拒绝这些东西的诱导。而打造权威效应的方式往往有很多种。

有个商人为了说服股东开发某个项目，苦口婆心地讲述该项目会带来多少利润，会引发新一轮的变革，会为企业未来三十年的发展奠定基础，可是却难以说服对方。而当他改口说"就连股神巴菲特也觉得这个领域的项目很不错，他也看中了这个领域的发展前景"，绝大部分股东都投了赞成票。

这里的博弈策略就是借助巴菲特这个名人来提升自己话语的权威性和分量，而且巴菲特不仅仅是名人，更是首屈一指的投资者，这样的身份和地位自然会成为商人在建议过程中的筹码。

除此之外，还有一种方式就是直接将自己打造成权威，比如许多人会追求一些职称或者直接给自己安上一些职称，又或者给自己添加一些身份。诸如一些讲师为了在听众面前提升自己的说服力，经常会给自己安上一些"演说大师""×××学院的教授""×××培训机构的高级讲师"或者

"×××公司的高级顾问"等身份。当人们不断给自己的身份贴金后，说话的分量就越来越大，说服对方的可能性也就越来越高。

将自己打造成权威的方式往往比较直接，就是打造一个权威的身份，毕业于什么名校，在什么跨国公司就职，完成过什么作品，拥有什么地位和职位，和什么名人来往，这些都是自证身价的方式。其中最关键的一点就是证明自己在某个领域内拥有什么地位，或者做出了什么成绩，一旦自己成为了这个领域内的专家，那么所说的话以及所发起的行动就会赢得更多人的关注。

从某种意义上来说，借助权威效应就是为了给自己增加谈话的筹码，或者说给自己增加谈判的砝码，在购买产品时，消费者在买或者不买，以及价格谈判方面都有自主选择权，而商人给自己的产品打广告，这样就可以在和消费者的谈判中掌握主动权；同样地，患者似乎对自己的身体健康也有发言权，但是一旦医生拿出自己多年的经验和专业知识，就可以在与患者的谈判中获得主动权；当人们针对某一事件进行探讨时，双方都具有发言权，但是当其中一方告诉对方自己在相关领域内的成就或者地位时，他就在自己与对方的谈判中获得了主动权。

权威的存在不仅仅可以迅速赢得博弈的优势，还可以推动对方做出服从性的决定，正如心理学家所言："当一种强大的力量推动人们去完成某件事情时，很自然地，大家会希望拥有充分的理由来支持这种推动力，在权威面前，人们对于它的绝对服从并不仅仅是因为它代表着正确的方法或者理念，还在于我们多数人都意识到了一个基本的问题：只要服从权威，往往能够享受到一定的好处。"

把握博弈中的配套效应

有两个汽车销售员在各卖出一辆车后，都会想办法给客户推销汽车内饰，而且在推销的过程中，他们都意识到了一点，那就是尽量给客户推销更贵更好的内饰，这样就可以获得更大的盈利，但问题在于很多客户都对昂贵的价格退避三舍。

销售员A每次卖出车辆后，会直接向客户推销各种昂贵的内饰，包括方向盘上的真皮，更高档的中控屏，包括地毯、安全气囊、安全带、车内照明，以及整个顶棚系统、立柱护板系统、驾驶室空气循环系统、发动机舱内装件系统等，他都介绍一遍。而客户如果愿意接受这种装配，将会获得4S店额外赠送的一套真皮座椅。虽然听上去非常诱人，但动辄就要贵上好几万的价格还是让多数客户望而却步。因此虽然销售员A表现得兢兢业业，可是效果并不好，一个月中最多只有1~2个有钱人会接受高档的配饰。

销售员B却从来不会直接开口介绍这些高档的内饰，而是每次都给客户介绍一些普通的、廉价的内饰产品，然后在客户挑好产品之后赠送对方一套昂贵的真皮座椅。而自从使用这个方法之后，几乎每个月都有二十几位客户顺利安装了全套的高档内饰产品。为什么会出现这种情况呢？原来，当销售员赠送高档的真皮座椅之后，客户往往会发现这个真皮座椅和其他产品不搭配，比如方向盘的皮套档次很低，两相对比之下就会显得很刺眼，所以客户要求更换高档的方向盘套。接下来，地毯也要更改，随着更改的东西越来越多，客户最终将原先的普通内饰全部更换掉。

很多人都觉得销售员B的行为有些不可思议，但从心理学的角度来说，销售员B的成功并不是因为运气好，或者因为诚意而打动了客户，而在于他成功运用了"配套效应"或者"狄德罗效应"。

18世纪法国有个哲学家叫德尼·狄德罗，有一天，他将朋友送来的一件质地精良、做工精细的酒红色睡袍穿在身上，突然发现睡袍虽然华贵，但是和家里的装饰不太搭调。他越来越觉得家具有些老旧，地毯也有些粗糙，因此当即决定换掉这些装饰。接下来，他又发现了其他不搭的装饰，并且纷纷更换掉。等到整个房间的装饰与睡袍风格相近时，狄德罗突然清醒过来，意识到自己的理智居然被一件睡袍胁持了。

这个故事引起了美国哈佛大学经济学家朱丽叶·施罗尔的注意，他将这个现象称为"狄德罗效应"，该效应主要是指某件事物会改变人们的适应系统，以至于人们在拥有了这件新的物品后不断配置与其相适应的物品以达到心理上平衡的现象。

正因为某些物品会对个人的适应系统造成影响，因此很多人会借助这个效应来彻底改变他人的适应系统，而像文章开头的汽车销售就是典型的利用"配套效应"进行行销的现象，一些奢侈品商店也会利用某一件奢侈品的成功营销来引导消费者接受更多的配套，就像一个人购买了一条贵重的项链后，店家会劝说这个消费者购买一颗钻石戒指，一串宝石手链，或者加上一对做工精致的耳环。或者说某个客户在购买一些昂贵的礼品后，店家会劝说对方购买一个更为精美的盒子作为配套。

人们常常没有在第一时间意识到，自己接受某个新事物后，这个新事物可能会对自己的生活造成连锁反应，人们在不经意间就会受到这一类事物的干扰，并且不知不觉就会受到他人的诱导。事实上，许多人会设置一些配套陷阱，为了引诱他人进入这个陷阱，就会先抛出一些不错的诱饵，这些诱饵具有很强的杀伤力，前面提到的卖车时赠送真皮座椅的行为就是一种诱惑。

其实在销售行业中还有一种非常奇特的配套效应。比如一些通信企业会免费给企业安装设备，这个免费安装的设备就是一个巨大的诱饵，接受免费产品的消费者或许并没有意识到这些产品虽然是免费的，但是产品的技术和服务都被无形中垄断了，相关的维修服务是配套的，产品的升级也需要配套，该产品和其他产品搭配使用同样需要配套。由于产品往往只是整个产业链中的一个环节，因此其他公司根本没有办法进行维修、保养、升级和搭配使用，消费者在使用这些产品时只能依赖那家公司独一无二的产业链。

许多企业推出"零价格"的产品营销模式，本质就是将消费者带入自己的产业模式和一条龙服务中，虽然产品是免费的，但是服务确实要花钱的，如今很多企业的服务已经成为了利润来源的重点。如果人们不能够准确识别，或者因为贪小便宜，就容易陷入被动，日后处处受到对方的掣肘。可以说，企业往往是被动的，但是借助这个效应却可以化被动为主动，而消费者则会从原先的主动选择变成了被动选择。

正因为如此，人们有时候需要懂得识别和摆脱配套效应，而打破这一效应的简单方法就是在购买相关物品时尽量做到与相关物品配套的产品。就像家里的桌子和椅子、窗帘都是廉价的，那么台灯就没有必要刻意去买名牌，这样可以注重整体搭配的协调性。当然，这并不意味着在生活中要处处收敛和克制自己追求更美好东西的欲望，只不过在面对他人的推荐和诱惑时，一定要注意自己的生活立场。从一开始就要想到这种诱惑是否和自己的处境相匹配，是否会对自己的生活造成困扰。

此外，平时要注意防备那些"免费"的诱惑，要理解"免费"背后的真正含义，并算清楚免费背后的那笔经济账，如果发现内有玄机，那么就要谨慎处理，避免落入对方的陷阱而变得被动。

博弈者是否具有窥探心理的能力

在国内，至今仍有许多人相信算命和卜卦，并且这些人每次去算命都会发现那些算命大师说的东西和自己的实际情况非常吻合，但事实真的如此吗？如果对算命大师们的话进行仔细分析，会发现他们经常使用一些模棱两可的句子，这些句子具有明显的双面性或者具有明显的试探性，这样一来，他们将有很大机会接近人们内心的真实想法。

此外，算命的人善于察言观色，能够从一些简单的动作、微妙的表情以及只言片语中查询到相关的信息，然后进行联想。一位中年妇女面色凝重地询问婚姻时，那么多半可以猜测到对方遭遇了婚姻危机；一位40岁左右的中年男子询问子女学业的问题时，那么多半是因为孩子即将高考，而成绩似乎还不那么让人满意，或者说考试的把握性不大；一个年轻男子在询问自己的终身大事时，这个男子多半还是单身，要么是一直单身，找不到合适的对象，要么就是多次出现感情危机。

总而言之，人们在认定算命大师能力出众、神乎其神的时候，其实并没有意识到正是因为自己的信息泄露才使得对方能够在短时间内对相关信息进行组装，从而拼凑出一个大致的猜测，加上对方模糊的描述，人们很容易就将自己对号入座。因此，与其说算命大师真的具有预知过去未来的能力，倒不如说他们是出色的博弈者，而他们实施的一个重要手段就是成功运用巴纳姆效应。

1948年，心理学家伯特伦·福勒通过实验，发现人们常常会认为一种笼统的、一般性的人格描述能够十分准确地揭示了自己的特点，也就是说，当人们用一些普通、含糊不清、广泛的形容词来描述一个人的时候，其他人往往非常容易接受这些描述，认为这些话就是在描述自己。这样的心理学现象就是著名的巴纳姆效应。

巴纳姆效应在算命中比较常见，此外星座分析也是利用了巴纳姆效应。许多人都有查看星座分析的爱好，并认为星座中的性格分析、命运分析和自己非常接近，或者说就是在描述自己一样。但是从科学的角度来分析，星座上的性格分析通常是建立在统计学的基础上，虽然有很多的调查，但并不能准确剖析出每一个人的性格和运势。它之所以能够让人产生认同感，主要原因在于心理作用，通过模棱两可的话以及一些偏向于赞美的话，使得人们轻易就相信星座分析的科学和理性。

从心理学的角度来说，巴纳姆效应是一种主观验证的心理在发挥作用。如果人们想要相信一件事，就会千方百计搜寻各种各样的证据和逻辑来支持自己的想法。这个时候，"自我"占据了大脑，人们会认为和自己相关的一切都是合理且重要的。而这就让一些博弈者有机可乘，轻易就抓住对方的心理。

这是一种非常有效的心理操控术，人们对于来自外界的暗示会非常在意，并自然而然地将这些暗示和自己联系在一起，打破这个效应的关键就是建立正确的自我认知，而这种自我认知的建立离不开信息的搜集。

比如员工通常非常在意老板对自己的看法，如果不能准确掌握老板内心的真实想法，那么老板在平时生活中的一些言语可能会让员工感到紧张，甚至会让员工做出误判。就像某个员工刚刚完成了某项工作之后，无意中听到老板在办公室里隐晦地批评有些员工辜负自己的信任，在工作中出现懈怠，并且有敷衍了事的倾向。对于这个员工而言，他必定非常在意这些批评是否指向自己，为了弄清楚自己的工作是否让人满意，他这样打电话询问老板："您上次交代的事情，我想到了另外一种方法，倘若时间允许的话，可以改进一下。"在明知道时间根本不够用的情况下，采取这样的提问无疑是"认识自身工作能力"的一种方法。结果老板回答说："不用了，你上次做得很棒。"员工这才放下心来。

类似的情形在谈判中也很常见，谈判的一方有时候会观察对方的表情，会认真分析对方所说的每一句话，然后从中找出一些信息，看看对方对于这次谈判有什么想法，了解对方对自己有什么看法。有个人与客户在某个项目上进行谈判，由于对方迟迟没有什么表态，这个时候他有点担心对方对这次谈判并不看重，或者说自己给出的价码不够高。正当他准备提出更高的条件时，突然想到了一个办法。接下来，他冒充第三方给客户打了一个电话，在电话中他询问对方是否有意在某个项目上进行合作，对方回答说："不用了，我现在有一个理想的潜在合作伙伴。"他接着引诱道："我们愿意提供部分技术转让。"客户回答说："不了，我的合作伙伴也那么做了，对此我很满意。"

挂断电话之后，这个人意识到客户在这次谈判中的态度，于是不再表现得那么紧张，他也放弃了提供更好条件的想法，当对方对自己的报价毫无反应时，他也表现得非常冷静且有耐心。而在双方僵持一段时间之后，客户最终选择与他签订了合约。

类似的信息搜集往往是打破巴纳姆效应和自我验证的重要手段，通过有效的信息搜集，人们不用再将目光锁定在他人身上，不用总是试图通过他人的反应来认识自己、评判自己。由于有了更加确切的信息，人们可以有效避免落入他人精心编制好的心理陷阱中。

第七章

善用规则，才能为自己赢得更多的优势

完全将博弈论搬进生活中自然不可取，毕竟很多干扰因素会破坏效果，但这并不意味着博弈论就不适用于现实生活，它仍旧可以很好地指导人们的行动，可以帮助人们进行策略分析，并提供一些必要的博弈技巧和方法。

熟练运用田忌赛马的博弈风格

中国战国时期，齐国大将田忌非常喜欢赛马，有一次他和齐威王赛马，双方分别派出上中下三个等级的马进行比赛，而齐威王手中的三匹马在同一级别中都要比田忌手中的马强一点，因此从双方硬实力来比拼，田忌参加赛马必输无疑。

田忌的门客孙膑也认识到了双方之间的差距，不过他给田忌出了一个主意，那就是主动打乱赛马的出场顺序。当齐威王派出上等马的时候，田忌就派出下等马迎战；当齐威王出中等马比赛的时候，田忌就选择上等马出战；当齐威王派出下等马时，田忌选择中等马迎战。结果很明显，齐威王的上等马轻松就跑赢了田忌的下等马，但是田忌的上等马和中等马却分别跑赢了齐威王的中等马和下等马，这样双方的比赛结果就出现了2：1的局面，田忌在整体形势不利的情况下赢得了比赛。

如果对田忌赛马的过程进行分析，就会发现孙膑的博弈策略在于将自己的最弱点与对方的最强点相对，而拿自己的强点与对方的弱点相比较，这种策略就是典型的非对称竞争，目的就是通过对对方弱点的攻击来达到赢得竞争优势的机会。

在现实生活中，齐威王是不太可能让对方了解自己的决策信息的，或者说双方的博弈策略都是在保密的情况下进行的。在这样的情况下，齐威王派出赛马的方式有6种，分别是：上中下、上下中、中上下、中下上、下上中、下中上。而相对应的是田忌的比赛方式也有6种：上中下、上下中、中上下、中下上、下上中、下中上。

事实上，在所有的策略对决中，由于田忌原本就不占任何优势，因此他取胜的机会非常小。当齐威王按照上中下的顺序派出赛马时，田忌在全部6种策略中唯一取胜的机会只有下上中这样的顺序。

当齐威王按照上下中的顺序派出赛马时，田忌在全部的6种策略中唯一取胜的机会只有下中上这个顺序。

同理往下推，每次当齐威王按照某一顺序赛马时，田忌只有1种机会取胜，换句话说田忌获胜的机会只有1/6。很明显，在整个赛马过程中，齐威王获胜的机会远远超过田忌，而这唯一的一次取胜机会需要建立在几个关键因素的基础上。

首先，田忌的马在同级别上都弱于齐威王的马，但是又强于齐威王下一个等级的马，这样就为针对性调整奠定了基础。假如田忌的上等马和中等马都比不上齐威王的中等马，甚至是下等马，那么整个赛马就失去了任何意义，齐威王可以轻松碾轧田忌。

其次，齐威王并不清楚田忌会调整赛马的顺序。在纳什均衡策略中，有这样一种说法："给定你的策略，我的策略是我最好的策略；给定我的策略，你的策略也是你最好的策略。"意思就是一个人如果能够等到对方先出策略，那么就可以针对性地制定更合理的策略，同样地，如果自己先出策略，那么对方也会针对性地提出最佳的策略。这里涉及的问题就是信息，谁能够优先掌握更多的信息，能够掌握对方的信息，那么就可以在博弈中掌握主动权。

试想一下，如果齐威王没有先派出赛马，而是让田忌先出，那么情况就会完全颠倒过来，无论田忌先出什么马，齐威王只要派出同等级的马迎战，那么就能够轻松以3∶0胜出。由此可见，田忌之所以能够赢得比赛，一个重要的因素就在于齐威王提前暴露了自己的策略，这样就给了田忌调整的机会。

最后，齐威王根本不清楚田忌做出调整的原因和内在的玄机，如果他能够提前判断孙膑和田忌的策略，那么在第一局的时候，就会主动做出调整，比如坚持让田忌先出赛马，又或者明确要求双方必须按照同级别的赛马进行比赛。

从以上几点来看，田忌赛马是一种非完全信息动态博弈，也是零和博弈，在这个博弈过程中，除了信息之外，顺序成为了另一个关键的因素。其中一个是博弈的先后顺序，一个是各种方法和策略使用的顺序。在生活中，无论是哪一种顺序，人们都可以借助它们来制定更有针对性的策略。比如在一些竞技体育比赛中，教练就可以安排不同的队员出战，尤其是那些整体实力较弱的队伍，一定要利用好顺序来制造机会。当对方派出最强的对手时，可以用最差的队员去应对，然后用自己最好的队员对上对方中等队员，之后用中等队员对上对方的下等队员。总而言之，田忌赛马是一个非常实用的策略，但是使用者必须确保后发制人，如果自己先出手那么就可能会被对方牵制和克制。

如果将问题进行转化，那么对于博弈双方而言，运用田忌赛马的策略其实也是为了寻求一种克制对方的方式，这种克制的关键就在于将自己身上那些无法获得优势的竞争项目全部搁置在一边，然后将自己能够克制对方或者对对方占据优势的项目整合出来，从而确定自己的优势。

对于企业来说也是如此，在整体实力明显不如对手的时候，不能各个资源硬碰硬进行对决，而要选择优化自己的配制，比如对方某一方面的优势非常明显，自己很难追上，那么干脆就将资源投放在其他方面，确保其他方面对对手形成优势，而这也是不对称竞争的一种方式。

强盗分钻石的博弈

有5个强盗抢到了100颗钻石，这些钻石的品质和大小都一样。强盗们没打算采取平分的方式，而是设置了1、2、3、4、5等5个号码，然后让每一个人抽签后按照号码的顺序来提出分配方案。

首先，抽到1号的强盗提出分配方案，然后5个人会对这个方案进行表决，只要有一半以上的人支持这个方案，大家就会按照这个方案进行分配。一旦一半以及一半以上的人提出反对意见，那么这个强盗将会被人扔到大海里喂鲨鱼。

一旦1号被扔进大海里喂鲨鱼，抽到2号的强盗将会提出自己的分配方案，4个人对这个方案进行表决，只要一半以上的人通过表决，该方案就会被执行。如果一半以及一半以上的人提出反对意见，那么这个强盗同样会被丢到海里喂鲨鱼。

接下来按照这种模式继续往下进行……

按照经典博弈论的观点，每一个人都是追求自身利益最大化的理性人，那么抽到1号签的人需要承受最大的风险，因为无论自己是否提出了一个合理的分配方案，最后都有很大的可能被其他人干掉，即便他自己一颗钻石也不想获得。

但事实证明这种博弈观点并不符合现实，因为对各个强盗的处境进行分析就会发现,人们并不会像常规思维那样直接否决1号的方案。假设1号提出的方案被大家否决,那么2号很快也会面临同样的境遇,接下来是3号和4号,而5号是最安全的,他处在最后位置上,肯定会采取不合作的态度,这样才能够独自占有所有的钻石。

在传统的博弈中,4号与5号是天生的对立者,或者说身为理性人的5号一定会在前面3个人都被投入大海喂鲨鱼后直接否定4号的方案。为了避免出现这样的情况,4号必须尽量争取前面人的支持,因此对于3号的方案,4号必定会给予支持。可以说3号和4号必定会形成名义上的结盟关系,但是4号在分配中可能会一无所获,因为自私自利的3号意识到即便不把钱给4号,4号也绝对不敢提出反对意见,毕竟这样会将他自己推入火坑。3号的最佳策略是自己独享100颗钻石,而4号0颗,5号0颗。

一般情况下,4号的处境非常尴尬,一方面要无条件支持3号,但是又要承受可能出现的一无所获,因此他会提前将希望寄托在2号身上,并对其进行支持,当然前提是2号必须给他一些好处。可是当2号提出方案时,必须取得4票中的3票才能存活,2号与3号是天然的敌人,3号巴不得2号死,这样自己就可以顺利拿到100颗钻石(在3号、4号、5号三人博弈游戏中,3号占据很大的优势)。因此对于2号来说,在他了解3号的意图后,赢得生存机会的唯一方法就是讨好4号和5号,他的最优方案是自己98颗钻石,4号和5号各1颗,而3号一无所有。

2号为了实现最优策略,就必定会在1号提出方案时给出反对票,这意味着1号已经失去了2号的支持。因此1号在推测2号的行动之后,会主动和3号结盟,他只要聪明地给3号一颗钻石就行,相比2号提出方案时,3号1颗钻石也得不到,1号的付出当然会赢得3号的支持。当然1号想要在5票中获胜,除了自己的支持和3号的支持之外,就需要获得4号或者5号的支持。4号和5号同样会支持2号,因此他们很有可能为了从2号那儿获得钻石而给1号反对票,所以1号必须加大筹码来拉拢这两个人。1号的最佳策略是自己97颗钻石，3号1颗钻石，4号或者5号获得2颗钻石。具体的分配方案应该是：97、0、1、2、0，或者97、0、1、0、2。

这样的分配方式和最初的猜测大相径庭，看起来有些不可思议，为什么最危险的1号能够获得绝大部分的钻石呢？难道其他人不知道联合起来先除掉1号签的强盗，然后接着往下分吗？毕竟少一个人就意味着每个人将有机会获得更多的钻石。但情况并没有想的那么简单，因为除掉1号后，2号也将可能面临同样的命运，接下来是3号和4号，5号签的人处于最后位置，肯定会采取不合作的态度，他有很大机会占有所有的钻石。

4号推测出了5号的意图，于是就会想方设法支持3号，而3号猜到了4号的想法后，就可以堂而皇之地独享100颗钻石，而且还不用担心4号会反对自己。2号也对3号的意图进行推测，然后选择放弃3号，转而支持4号和5号。而1号会洞悉2号的想法，因此在一开始的时候就做出了放弃2号，给3号1颗钻石，给4号或者5号2颗钻石，而自己独享97颗钻石的分配方案，2号对此是反对的，但是3号通过推测就会明白：如果1号死了让2号提方案，自己将一无所获。同样地，4号和5号也明白这个道理，一旦2号提出方案，那么自己获得的钻石会更少。

在这个相互推测的过程中，1号不仅从最危险的处境中存活下来，而且成为了最大的获益者，显示出了出色的博弈技巧。但是整个推测过程还是有一些变数，那就是4号，虽然他是理性人，可是他可能会因为受到羞辱（支持3号却一无所获）而反对3号，导致3号被丢进海里，毕竟这个时候4号可以主动提出将所有钻石分配给其他人，他会通过将100颗钻石分配给5号来换取自己的性命，成功保命的可能性也比较大。一旦如此，那么3号想要保障自己的利益，就可以给4号1颗钻石，来拉拢对方。这样一来，2号也需要多给4号一颗钻石，以保障4号能够支持自己而不是任由自己被丢进海里。以此类推，1号也需要修改自己的最佳方案，这个时候他没有必要跟随2号给4号增加1颗钻石，只需要将目光转向5号即可，他的分配方案是自己97颗钻石，2

号0颗，3号1颗，4号0颗，5号2颗。

这个强盗分钻石的博弈模型，指出了两个重要的内容，第一个就是先发优势，1号看起来是最危险的，但是却拥有先发优势，他可以采取先发制人的手段为自己赢得主动权。而反观5号，虽然名义上是最安全的，而且有很大的可能独享100颗钻石，可实际上到了最后只能依靠别人拉拢时的一点施舍过日子。

第二个就是复杂的博弈关系，在1号到5号这几个强盗中，每个人之间的关系都很复杂，为了实现利益最大化，他们会相互算计、相互防备，而这就使得1号拥有并成功利用了先发优势。

在一些充满斗争的团队内部，人与人之间往往也存在类似的竞争关系与合作关系，因此强盗分钻石这个寓言故事对人们的现实生活有一定的指导意义，它指出了一个问题，那就是人与人之间常常存在利益上的冲突和牵制，这种牵制会使得彼此之间的关系并不那么纯粹。而人们也可以借助彼此之间这种复杂而奇特的关联性为自己赢得更多的利益。

但是这个故事中的博弈模型并不够精致，通常不完全符合现实生活的状况。毕竟现实生活中不存在绝对理性的人，1号在大胆做出推测并制订分配方案后，必须考虑到几个强盗兄弟的理性程度，他们恐怕不太可能接受这种分配。而2号完全可以撒谎欺骗3号、4号、5号，人为地制造信息不对称，许诺给后面3个人更高的待遇，然后联手灭掉1号。

由于1号的分配方案让人觉得有失公平，因此大家可能会提议修改分配规则，比如实行平均分配，或者轮流提出分配方案的方法，又或者剩下4个人因为生气而将1号丢到海里，然后4个人平均瓜分100颗钻石。由此可见，现实生活中的心理博弈远比故事中的模型展示更为复杂。

多人博弈模式本身就是一种相互制约和平衡

在生活中，常见的博弈既包括个体与个体之间的博弈，也包括多方（多人或者多个企业）之间的博弈，其中个体之间的博弈往往会转化成多方博弈，而这种转化往往是一种独特的竞争策略。

一般来说，将个体之间的博弈变成多方博弈，目的是降低个体博弈中的风险，提升博弈的效率和成功率，而常见的转变形式分成两种：一种是结盟，一种是制约。结盟是为了寻找合作伙伴，以增强自身的实力；制约则是为了消耗对方的优势，降低对自己的威胁。

其中寻找合作伙伴的方式也分为两种：一种是寻找帮手，通常这种帮手是自己的朋友或者合作伙伴，双方往往来源于同一个阵营和团队，拥有相同的价值观，因此双方很容易形成默契；另一种是寻找对手的对手，人们常常会说这样一句话，"敌人的敌人往往就是朋友"，那么也可以说"对手的对手就是潜在的合作伙伴"，这种帮手并不一定要和自己是一个团队的，但是双方的目标和利益是一致的。

无论是哪一种情况，当一方寻找合作伙伴时，就可能会对博弈结果产生影响，不仅如此，当一方寻求结盟时，被针对的另一方同样会选择结盟，这样就会从单纯的A和B的竞争，演变成A＋C与B＋D之间的竞争，甚至会进一步扩大为A＋C＋E对上B＋D＋F这种同盟与同盟之间的竞争。当双方的筹码不断加大时，相关的对决可能并不会变得更加轻松。

目前在很多领域都存在这种强强联合的模式，比如互联网和电商的竞争中就存在着一种模式，例如苏宁电器在与京东的竞争过程中就选择了和阿里巴巴结盟。许多企业都会寻找帮手，成立联盟的竞争模式，原本企业之间的斗争会变成企业联盟之间的斗争。通常双方都会尽量选择领域内比较强大的企业来结盟，尽量确保自己的竞争力变得更加强大。

通过拉帮手或者结盟的方式，可以将更多的人拉到原有的博弈体系中来，尽管每一方都坚信自己会通过这种方式提升博弈的主动权和成功的机会，但是随着人数的增多，双方的斗争可能会变得越来越激烈，斗争过程中的姿态也会越来越强硬。

这种结盟的方式是一种比较直接也比较常见的博弈方法，可以将个人之间的对决发展成为多人博弈模式，除此之外，还有一种非常巧妙的多人博弈模式，它主要在于纳入第三者，并借此机会打造出相互制约、相互影响的博弈模式。

由于个体之间的竞争和博弈容易导致矛盾激化，增加谈判的难度，尤其是对于弱者而言。此时人们可以制造一种相互制约的局面，就像是三国时代的吴国、蜀国和魏国之间的博弈方式一样：如果蜀国不存在，那么魏国和吴国之间的斗争会更加激烈，直到其中一国灭亡为止。反过来，如果吴国或者魏国灭亡，那么剩下的两个国家也必定会发生大规模的对抗。为了保证一个比较稳定的局面，选择打造三足鼎立的局面才是赢得生存机会的重要方法。

在现实生活中，这样的博弈局面也很常见，某个人在面对一个强大的对手时，如果不希望彼此之间发生很大的冲突，希望赢得一个相对稳定、安全的发展环境时，就会尽量避免和对方发生正面冲突，这个时候可以纳入一个新的博弈对手。这样一来，整个游戏中就会出现第三个利益争夺者，彼此之间的谈判开始变得更加复杂，并形成相互制约的模式。毕竟在一个三方博弈的模式中，任何一方都不可能一家独大，任何一方的扩张都会受到制约，这样就使得三方都可以保持比较稳定的状态。

尽管这一类博弈模式很巧妙，但却削弱了各方的利益，毕竟两个人争夺的利益可能会因为第三个加入者而被瓜分掉。不过对于最初的博弈双方来说，两个人的博弈可能会导致自己被对方侵吞利益或者出现两败俱伤的局面，而目前三分天下的局面无疑会让自己获得的利益变得更加稳定。

还有一种特殊的情况是，一方由于身处劣势，无法对抗强大的对手，为了避免成为对方打压的对象，他可以选择引入新的参与者，这样就可以适当转移自己的压力，这个新加入的参与者并不一定要和自己结盟，并不一定要形成相互制约的关系，只要能够制约对方并转移对方的注意力，从而为自己赢得喘息和生存的机会。但是这种行为非常冒险，因为当这个新加入的博弈者变得更加强大时，有可能会对自己这个引入者下手。

一个关键的问题在于，无论是哪一种多人博弈模式，提出这个策略的一方往往缺乏竞争优势，或者说在直接对位中占据下风，为了维持一种平衡局面，他们需要借助外在的力量参与进来，打破对方的竞争优势，并帮助自己赢得更多的机会。无论如何，这是一个自我保护，甚至逆转劣势的有效方法，可以有效改善自己的竞争环境。

最弱的人，往往拥有最大的优势

在上一节的内容中，讲到了多人博弈模式下的相互牵制和平衡策略，尤其是在竞争中相对弱势的一方，需要通过引入新的博弈者来进行斗争，而这种模式只是为了帮助弱者提升生存的机会。事实上，弱者不仅可以通过多人博弈模式为自己赢得一个相对安全的竞争环境，还可以利用某些规则巧妙地提升自己的竞争优势，或者说某些时候弱势反而能够成为他们最大的优势。

假设甲、乙、丙三个弓箭手相约进行决斗，其中三人彼此痛恨，都视对方为潜在的威胁，因此三个人的决斗可以看成是生死决斗。在三个人当中，甲是出了名的神箭手，命中率达到了90%；乙也是一个比较出色的弓箭手，命中率为60%；至于丙只能说是一个业余选手，命中率30%。只要看看三个人的命中率，就能够知道丙生还的可能性最小，毕竟人们很难想象一个低命中率的弓箭手遇到两个强势的高手时，能够侥幸获胜。

但人们或许忽略了一个问题，那就是这是一场三人对决的比赛，而不是一对一的公开对决，如果只是一对一比拼，那么从概率上来说，甲的优势最大，乙次之，丙只能排到最后。而在三人相互对决之中，丙可以依据彼此之间的关系以及对决的规则提升自己的生存机会。

按照正常理解，甲一定会将目标先放在乙身上，因为乙对他的威胁最大，因此他射出来的第一箭必定是针对乙的，而不是丙。同样地，乙也会将甲当成最大的对手，只有解决了甲，自己才能在与丙的对决中占据优势，因此乙发射第一箭时，丙依然是最安全的。对于丙来说，依然会将目标对准甲，因为相比于乙，甲也是自己最大的威胁。这样一分析，那么甲遭受攻击的可能性最大，乙次之，丙遭受攻击的可能性最小，因此丙在对决中显得最安全。如果三个人在第一局就相互攻击，那么甲生存的可能性最小，乙生存的可能性排第二，丙生存的可能性最大。即便有人能够在第一局对决中幸运地活下来，丙依然占有微弱的优势。

接下来，人们可以选择改变游戏规则来对决，三个人出手的先后顺序分别是：甲—乙—丙。如果甲先出手，那么第一箭会射向乙，如果乙不幸身亡，那么机会就直接轮到丙身上（乙死了就没有机会射箭），尽管丙的命中率并不高，但还是有机会灭掉甲的，至少他占据了先发优势。如果按照"乙—甲—丙"的顺序，那么乙会先对甲射箭，如果甲死了，那么丙就会获得射箭的机会，并将目标瞄准乙。如果甲没有死掉，那么就会率先对乙这个最大的对手下手。这个时候，如果甲灭掉了乙，那么丙可以对甲下手；如果乙幸运地逃过一劫，那么丙干脆放空箭，因为一旦他不小心灭掉了乙，最终对自己没有好处，放空箭就可以保证又回到了甲乙对决的局面。如果让丙先出手，那么无论之后是甲还是乙出手，丙都会聪明地放空箭，这是对自己最有利的选择，而甲和乙则会将彼此当成最大威胁而相互攻击，丙可以坐收渔翁之利。

可以说，无论是三人同时射箭，还是按照顺序射箭，结果对丙来说都是最有利的，可以说丙并没有因为实力最弱而成为众矢之的，反而成为了最大的赢家，而甲和乙这样实力雄厚的参与者却危机重重。不过，这里所说的对决有一个基本前提，即前面提到的三人对决，而不是两个人之间一对一的博弈，正是因为这样的规则，再加上灵活的策略，才使得丙一下子从最弱者变成了优势最大的一方。

所以，在生活中，对于那些身处弱势的人来说，弱势并不意味着就会在竞争中处于被动地位，并不意味着难以获得生存的机会，毕竟生存概率的大小不仅仅看实力，还要看彼此之间的复杂关系，在某些复杂的关系和规则之下，弱势的一方反而拥有一些隐性的优势和福利。前面谈到的"田忌赛马"看重的是对方先出的规则，强盗分钻石的博弈则看重的是轮流提方案且"过半支持率"的规则，弱势则可以充分利用规则来保障自己的利益，将劣势转化成优势。也正是因为如此，弱者一方面要积极提升自己的实力，一方面则要想办法制造出复杂的多人博弈关系，并制定一些巧妙的规则。

在上面这个弓箭手的案例中，丙的巧妙之处在于他主动利用了甲乙之间的矛盾，尽管三个人之间都存在矛盾，丙和甲乙之间也存在矛盾，但是相比之下，甲和乙由于相互威胁的程度最大，因此矛盾也最大，这对丙来说就是一个利好。所以他可以利用规则来刺激这些矛盾，并且避免让自己陷入困境。

通常情况下，这一类博弈会出现在军事战争中，在市场经济竞争条件下，有时候可能也会存在类似的现象，表面上实力最弱的一方可能会赢得其他对手的重视和尊重。比如在市场上，当市场领先者和市场挑战者之间争得不可开交时，实力最弱的跟随者反而能够获得发展的大好时机，甚至于有人会主动拉拢他。就像苹果手机、三星手机、国内手机之间的混战局面一样，苹果和三星肯定会先将矛头对准彼此，而国内手机制造商则可以坐山观虎斗，伺机寻求开拓市场。

此外，通过对弓箭手相互博弈的分析可以发现一个问题，那就是乙和丙之间更容易结成同盟关系，毕竟他们都认为甲是最大的威胁，这就类似于前面提到的魏蜀吴三国的关系，在很多时候乙和丙会结成一个脆弱的同盟关系，他们时刻都在计算合作与背叛的利益关系。不过在这个同盟中，乙显得有些被动，因为一旦甲没有死的话，乙不可能会退出这个同盟。但是对于丙来说，相对更加灵活一些，为了赢得先出手的机会，他会义无反顾地牺牲掉乙（当甲灭掉乙后，丙可以对甲发起攻击）。在更为复杂的情况下，乙可能会主动示好丙，或者想方设法给予丙一些好处，而这对于丙的发展有很大的帮助。

有趣的木桶理论和斜木桶理论

在管理学中有一个著名的木桶理论，这个原理主要是说一个木桶通常是由许多块的木板箍在一起组成的，而这些木板可能存在高低不同，对于这样一个木桶来说，盛水量的多少取决于木桶上最短的那块木板，而不是最高的那块木块。原因很简单，水位一旦超过了最短的那块木板，桶里的水就会自动溢出。可以说，最短的木板就是木桶盛水量的限制因素，如果想要增加木桶的盛水量，那么就要将最短的木板更换成更长一些的木板。

通常这个理论告诉人们这样一个道理，在一个团队中，决定团队发展上限和竞争力的也许并不是那些所谓的优势项目，而恰恰是那些最弱势的点。如果团队将大部分资源投放在某一个具备最大优势的部门或者某一个强势的点上，而忽略了对弱势项目进行补强，那么整个团队的竞争水平仍旧不高。正因为如此，人们为了在与对手博弈时不给对方留下把柄，一定会努力想办法补好自己的弱点，确保自己能够获得更大的优势。

在木桶理论被提出来之后，有人又提出了一个新的木桶理论，按照老式木桶理论的说法，木桶的盛水量取决于最短的那块木板，但这里有一个前提，那就是木桶是放在平地上的，如果木桶被搁置在一个斜坡上，那么决定盛水量的就不再是那块最短的木板，而恰恰是最长的那块木板，毕竟当木桶的最长木板在斜坡上位于下方时，整个木桶才能盛下更多的水。

这个木桶理论也被称为斜木桶理论，如果说，木桶理论代表了常规环境下的博弈策略，那么斜木桶理论则是不规则条件下的博弈策略。或者可以直接这样去理解：木桶理论存在的合理性在于人们处于一个非常成熟和正规的市场环境下，这里有着完善的游戏规则，因此可以在市场竞争中把握自身的优势和劣势。而斜木桶理论则建立在一个不规则、不完善的市场环境中，这个环境中没有完善的游戏法则来支撑和管理，参与博弈的人只能想方设法发挥出自己的主动性，利用一些规则来制造一些特殊的优势。这也就意味着人们完全可以在不完善的游戏规则中发挥出自己的优势，或者利用这些优势来弥补自己的不足，并创造出一个可以最大限度利用这些优势的环境（斜坡）。

　　此外，斜木桶理论给所有的企业提了一个醒，那就是如果这些企业的缺点非常明显，那么就无法在常规的游戏规则中取胜，毕竟在快节奏的竞争环境下，短时间内这些企业是无法弥补这些缺点的，想要让自己摆脱困境，就要懂得发挥能动性，创造出一个斜坡，确保自己和竞争者之间的博弈关系建立在一个不规则的体系之中，这样才有机会掌握更多的主动权。这样做的目的是暂时多蓄水，然后寻求更多的时间慢慢修复那些短板。比如中国的很多企业都在制造技术方面存在短板，而在眼下的IT行业和人工智能方面，中国企业却几乎实现了弯道超车，原因就在于中国企业将互联网和人工智能当成展现自己优势的斜坡。

　　事实上，对于个人博弈也是一样，随着社会的发展，人们越来越期望于获得更大的生存空间与生存优势。在这个背景下，老式的木桶理论变得不合时宜，因为任何一个人都有自己的劣势和短板，而按照老式木桶理论的说法，一个人的短板决定了他发展的上限，这就意味着一个人如果想要获得立足和发展的机会，就需要花费大量的时间和精力来补足这些短板，而这对于任何人来说都很困难，毕竟这些时间投入的性价比可能并不高。

　　为了改变这种情况，人们需要想办法寻找另外的出口，他们意识到想要成为社会精英，并不需要面面俱到、全面发展，如果能够在某一领域做到高于众人，那么就一样可以建立起优势。在这种情况下，斜木桶理论刚好给予了这种想法理论上的支持，它促使人们更多地关注自身优势，而不是关注自己的缺点。并且提醒人们想要确保生存的优势，就需要创造一个条件，以便让自己的优势成为影响个人上限的因素。

比如微软公司的创始人比尔·盖茨早在上大学期间就自动退学，许多人都认为他过早离开哈佛大学并不明智，这就意味着他无法在学习领域胜过同是哈佛大学的毕业生，而这会影响到他日后的发展。而比尔·盖茨早就意识到了这个问题，他在上大学期间就意识到即便自己哈佛毕业，也不会在同龄人中占据任何优势，自己身上的一些缺陷也会放大，对他来说读书并不能真正带来什么太大的改变。所以他选择了离开学校，专门研究电脑编程和软件开发（这些也是他最喜欢去做的事情），毕竟在这些领域内，他才真正称得上是专家，所以最后他给自己找到了一个斜坡——编程和开发，从而将自己的优势尽可能释放出来。而事实也证明了他的策略并没有错，哈佛大学的毕业生每年都有很多，但是世界上却只有一个比尔·盖茨。

从某种意义上来说，比尔·盖茨的做法更像是剑走偏锋，他意识到自己既然无法在常规的教育模式中占据先机，那么直接选择进军编程行业，这样他就人为地改变了游戏规则，而这个规则让他得以扬长避短，成为领域内的超级赢家。

所以无论是企业，还是个人，既然想要在与对手的博弈中脱颖而出，占据生存优势，那么就要尽量创造或者找到属于自己的斜坡，就需要想办法制定一个扬长避短的游戏规则，而这才是整个博弈的最佳策略。

智猪博弈下的角色定位和利益分配

　　约翰·纳什在1950年提出了一个著名的设想：假设猪圈里有一头小猪和一头大猪，其中猪圈的一端设置有一个猪食槽，另一端则安装一个按钮。每次只要猪在按钮上踩一下，猪食槽上放的投食口就会落下10个单位的食物，不过负责踩按钮的猪将会付出2个单位的食物作为代价。

　　按照这种规则，往往会出现一些有趣的情况：首先，由大猪负责踩按钮，小猪会率先跑到猪食槽享用，这个时候大小猪吃掉的分量比例为6：4，由于大猪需要付出2个单位的食物作为成本，因此纯收益为4个单位的食物，而小猪的纯收益同样为4个单位的食物；其次，反过来由小猪踩按钮，让大猪先吃，考虑到大猪的食量惊人；那么双方的食量将会变成9：1。需要注意的是，此时小猪因为踩按钮付出的食物竟然比获得的食物还要多，完全属于亏本状态；最后，大猪和小猪选择一起踩按钮，一起享用食物，那么双方的食量比就会变成7：3，在扣除2个单位的食物之后，大小猪的纯收益分别是5个单位的食物和1个单位的食物。

　　按照纳什的设想，小猪从整体上而言处于弱势地位，毕竟它无论如何也不可能比大猪的纯收益更高，而它能够享受到最高纯收益（4个单位的食物）的时候，正处于大猪踩按钮的模式之中。正因为如此，小猪会采取等待的方法，即选择站在猪食槽旁边充当一个看客，毕竟只有这样做自己才有机会吃到更多的食物。除此之外，只要自己踩了按钮，最终只能获得1或者–1的纯收益。

面对这种消极怠工的行为，大猪会怎么去做呢？事实上，它的处境比小猪要好很多，但也更加尴尬。从以上三个模式中就可以看出，当大猪踩按钮时，它的纯收益最低，但也达到了4；当小猪踩按钮时，大猪的纯收益达到了最高的9；当双方一起踩按钮时，大猪还是能够获得纯收益5。所以当面对小猪的不作为或者搭顺风车行为时，大猪虽然会产生不满，但是却不敢轻易做出和小猪一样的策略，因为一旦自己也采取不作为的方针，那么所有的纯收益会瞬间变成0。正因为双方的得失比不一样，因此小猪在整个博弈中占据了更多的主动性，它会选择对自己最有利的策略，而大猪却迫于巨大的收益诱惑而选择踩按钮。

这就是有名的"智猪博弈"模型，也是纳什所提出的博弈论中一个重要的观点，而这个观点和现象在日常生活中并不少见。比如上级布置了一项任务，任务的主要负责人和第二负责人往往就会产生这样的博弈：在完成任务后，主要负责人获利非常大，因此不得不去努力做事，而第二负责人由于获利比较少，积极性不高，在他看来即便自己什么也不付出（全部交给对方去做），最终也能获得上级的奖励。对于第二负责人来说，不做或许比做更具诱惑（不做事就不用付出成本和努力）。而主要负责人却不敢产生这样的想法，因为一旦自己什么也不做，原本属于自己的巨大利益都会丧失，所以明知道自己会吃亏还是会去做事。事实上，双方都可以采取"不合作""不作为"的策略，但是相比之下，原本可以获得更高收益的那一方肯定会倾向于做出"配合"的姿态。

正因为如此，在团队内部或者企业之中，常常会出现这样一种情况，一部分人什么也不做，心安理得地充当"小猪"的角色，他们做事没有激情，没有责任心，只是将工作职位当成谋利的工具，却从来不会主动付出太多的努力。有一些团队和企业长期实行类似于吃大锅饭式的管理，所有的人做或者不做，做好或者做坏，结果都差不多，这样就使得优秀的员工得不到应有的激励，而能力落后的员工却安心地享受到利益分成，这会严重破坏内部的分配合理性。

想要改变这种状况，就要了解智猪博弈的相关信息。一般来说，智猪博弈的本质是游戏规则制定的问题，导致"小猪躺着大猪跑"这个结果的原因在于这个游戏本身就制定了两个核心指标：每次落下的食物数量；踏板与投食口之间的距离。

针对这两个指标，有人提出了两种解决问题的方案，首先是增加食物投放数量的方案，按照实验人员的说法，如果将投食的分量增加到20个单位甚至更多，那么就意味着无论是大猪，还是小猪都不可能一次性将所有的食物吃完，而在这种食物充足的环境下，小猪没有必要去担心自己踩按钮时会得不偿失的问题，大猪也不会因为小猪不去踩按钮而感到为难，而双方的竞争意识也就会变得非常弱。

从企业管理和内部分配的角度来说，这个方法或许并不适合，因为一旦上级领导放开限制，增加更多的奖励和利益，虽然使得参与任务的人都能够获得利益，但是一旦收益过高，就会增加团队的管理成本，而且也会慢慢消耗掉执行者的积极性。

还有人提出了减量加移位的方案，简单来说，就是将投食变成原来的一半分量，但是却将投食口移到踏板附近。这样一来，无论是大猪和小猪都不用担心自己踩按钮后来不及吃东西。采用这个方案之后，大猪和小猪不仅不会因为搭顺风车问题产生矛盾，还会想尽办法拼命踩按钮。因为任何一方如果选择等待、不作为的策略，就无法吃到食物，而那些踩按钮次数更多的一方能吃到更多的食物。这样就提升了大猪和小猪的积极性，同时可以确保食物不会被浪费掉，因为小猪和大猪只会在想要吃东西的时候才会踩按钮，一旦吃饱了就会停止行动。

这个方案在团队内部分配时同样非常有效，因为整个奖励机制并非坚持人人有份的原则，而是直接针对个人工作能力、业绩进行业务提成，这样就迎合了"多劳多得，少劳少得，不劳不得"的分配原则，这样可以有效节省成本，还能够遏制和消除内部搭便车的行为。

对于团队管理者来说，应该积极推行分配制度以及完善相应的绩效考核制度，确保每一个人在合适的岗位上工作，并且将个人业务能力与业绩紧密联系起来，根据最终的贡献值来衡量每一个人的价值，从而形成良好的工作氛围。

与此同时还要积极探索和推行岗位责任制，完善职业晋升制度，拓展合理的晋升通道，从而使员工更注重自身能力的提升，更加关注业绩的提升，从而最大限度地激发各级员工的积极性、主动性和创造性。

分汤制度与公平博弈

　　利益分配一直都是生活和工作中的一项重要内容，在不同的环境下，面对不同的人以及不同的事情，就会出现不同的分配模式和分配制度，但任何一种分配制度想要确立以及顺利实施下去，都需要做到一点：尽可能照顾到各方利益。虽然每一个人都希望自己的利益得到保护而且渴望获得更多的利益，但是分配通常都会倾向于接近公平，尽管这往往需要一个不断波动、不断调整的过程来完成。但是任何一个合理的分配制度都需要尽可能建立在大家的共识之上。

　　假设有7个人每天都要喝一大锅美味的汤，但他们缺乏称量工具和标有刻度的容器，因此很难做到公平分配，那么该如何更合理地分配掉这些汤呢？为了避免分配不均，7个人想出了很多方法进行分配。

　　首先，他们邀请了一位德高望重的人主持分汤，而这个人会尽力做到公平，不过时间一久，会有人想方设法拍他马屁，希望这个主持人能够在分汤时给予一些"照顾"。这个时候，主持人会失去原本公正不阿的作风，而7个想要喝汤的人也会相互算计、相互斗争，最终导致风气越来越坏。

　　既然主持人的意志力不够坚定，容易受到外在因素的干扰，那么不妨选举出一个分汤的机构以及一个负责监督分汤的机构，这样似乎就可以做到公平了。但问题在于这两个机构经常相互干扰、掐架，负责分汤的机构会提出各种分配的方案，而监督机构则会经常提出异议和修改的意见，这样就会导致分配方案难以及时得到实施，分汤的效率得不到保证，这对那7个急于喝汤的人来说并不适合，所以他们很快就会取消这些机构。

接下来，他们想出了另外一个方法，即决定让每个人轮流着进行分配，每人分配一天，7个人刚好能够分配一周，而一周之后再次轮流分配。这种分配方式看起来比较公平，而且每个人都掌握了自己分配的权力，可是这种分配方式有一个很大的弊端，那就是分配者可能会想尽办法给自己多分一些汤。当每一个人都这么想的时候，分配就会越来越不公平，大家的不满也会越来越严重，私心也会越来越严重。这样会导致一个严重结果：每一个人在轮到自己分配的那一天就会喝掉更多的汤，然后其他人可能会因此而挨饿，这也就意味着每个人只有一天能够喝饱汤，大家的矛盾会进一步深化。

正因为如此，他们又对这个轮流分配的方案做出了修改，既然人们担心分配之人会在当天给自己额外增加分量，那么为了避免出现这种情况，大家做出了一个约定，每次分汤时，将汤分成7碗，而负责分配的人必须在最后才领走那一碗汤。很显然，如果汤分得不均匀即分量有多少之分的话，其他先取走汤的人一定会选走那些盛着更多汤的碗，而最后那一碗一定会是最少的，自己也只能喝最少的汤。为了避免出现这种损人不利己的结果，分汤的人一定会选择平均分配的方法，尽量做到每个碗中的汤水一样多。

这个时候，分配结果才真正让人满意，而整个分配过程是一个大家相互制衡、相互调整最终达成共识的过程，想要达到这个目的并不容易。可以说分配制度乃至其他类型的游戏规则都需要经过这样一个过程，从而达到"个人在追求和保障自身利益的同时，不会轻易损害到其他人的利益"的目的。

从这个分配的博弈中就可以看出一点，那就是任何利益的分配最好都是参与者相互探讨、协商、迁就而形成的，整个分配方案必须赢得参与者的认同。可是在生活中，常常会存在一些不经组织成员商量就擅自订立的制度或者分配方案，通常管理者和负责人可以擅自做主，而整个组织机构也成为了一言堂。由于没有征求更多人的意见，因此整个分配制度可能一开始就无法赢得某一部分人的心，而这就为制度的实施增加了不少难度。

一个合理的分配制度应该接近公平，它应该尽可能让参与者和利益相关者保持相对统一的意见，一旦分配出现太大的失衡，那么获利更多的人可能就会为了私利而破坏内部的团结，而那些获利更少的则会试图破坏分配制度的推行。每一个人都会为自己的利益着想，但是当所有人都参与其中的时候，每个人都需要在索取和妥协中寻求一个平衡，这样才能让所有人都尽可能相安无事。不过在一个大的团队内，任何公平都不是绝对的，总有一些占尽优势的人会想办法多获得一些利益，但总体上来说，这些分配制度会在不断的调整中更趋向于公平原则。

而事实上，与分汤制度以及分汤博弈稍有不同的是，分汤的7个人基本上做到了平均，可是在现实生活中，却很难做到这一点，而且平均也是不存在且不合理的，人们只是尽量兼顾公平，而不是搞平均主义。就像一个团队内，老板和员工的工资不可能做到平均分配，核心人物和边缘人物的分配不可能平均，贡献很大和贡献很少的人不可能做到平均。任何一个人的地位、能力、知识、贡献值大小都不会是一样的，如果盲目使用平均主义，那才是对公平原则最大的破坏，因此有关分配的博弈，可以说是无限趋近于公平的，当然，由于这需要一个很长的过程，需要进行多次的试验和调整，因此整个博弈过程是不断重复的，它并不是一次性博弈。

寻求一个与事件相互匹配的威胁和惩罚措施

一对合伙人做生意，双方因为一件小事发生了争执，正在气头上的一方直接甩了一句话："这件事要么依我，要么我就退股，你一个人单干好了。"

一个初中女生发生了早恋，父亲知道后非常生气，于是立即对她摊牌：如果继续早恋，耽误学业，那么就和她断绝父女关系。

甲乙两家跨国公司过去一直都在合作，但最近一段时间，甲方突然宣布将某产品的报价提高了1%，而这直接会导致乙方多支付几十万元，虽然这样的提价对整体收益不会产生太大的影响，但这让乙方感到不满。乙方提出了交涉，并表示将会不惜一切代价为自己的利益而斗争，在双方谈判的过程中，乙方表态如果这一次对方不能降低价格，那么将会直接宣布双方取消价值数亿元的合作项目。

如果对以上这几个案例进行分析，就会发现它们都有一个共同点：那就是参与博弈的一方对于另一方的"不友好""不合作"的举动会直接采取最严厉的威胁或者最严厉报复措施，而这些最严厉的威胁是否能够起到预期的效果呢？

换句话说，当合伙人因为一个小分歧而威胁说退股时，另一个合伙人会妥协吗？他大概会觉得对方因为这样一件小事就威胁自己，恐怕双方并不适合真的在一起合作，从这个角度来说，分开也许是一件好事。当父亲威胁要断绝父女关系时，早恋的女生会感到恐惧吗？恐怕也不会，因为早恋的问题虽然严重，但是相比之下，她很肯定父亲不会那么做，或者说她会觉得父亲只是做了一个空头博弈，因此父亲的表现更像是一次不理智的动怒，而威慑力实际上大大降低了。至于那两家闹僵的公司，其实问题和早恋的案例差不多，乙方虽然对另一方的不友好举动感到生气，但是盲目地拿出一个大合同作为要挟，其实有些小题大做了，毕竟任何一方都知道谁也损失不起数亿元的利益，因此这样的威慑本身就不够合理。

可以说，以上三种情况下的严厉威胁并没有起到应有的作用，但为什么很多人还是愿意拿出最大的威慑力来给予对方更大的压力呢？这恐怕不是对局势的错误判断，而是对博弈权限的滥用。在日常生活中，当一个人准备对他人不合作或者攻击的行为给予惩罚和报复时，往往会这样去想："我一定要给予对方最严厉的惩罚，以便让对方意识到不与我合作的代价是什么。"于是他们会针对一些小问题而做大文章，直接给出最严厉的威胁手段，并期望对方在高压之下妥协。尽管本质上是为了让对方改变心意，但是这样做根本没有必要。

更明智的博弈手段应该是针锋相对，即针对对方的策略和行动给予同等水平的回应。那些希望一次性就给对方施加巨大的压力的人，往往只会断绝自己的后路。博弈本身就是对他人行为和反应的回应，双方会根据形势逐渐增加或者逐步减少自己的博弈筹码。事实上，威胁并不是越大越好，也不是越大越有效，好的威慑永远都需要考量到实施的环境和具体的博弈进度。在一件可控制的小事情上，人们如果大动干戈地搬出撒手锏，那么这样的谈判策略可能反过来对自己不利。

威胁是有限度且必须和与之关联的事件相匹配的，它应该是对对方表现出来的态度或行为的一种合理回应，一般情况下不能太高，也不能太低。威慑太低的话有可能会被对方认为是缺乏有效的反制措施和回应，或者说在谈判中处于被动地位，没有足够有效的筹码，这个时候对方可能会变得更加咄咄逼人，这会进一步增加反制的难度。威慑太高太大的话一方面容易导致局势失控，对方很可能也会表现出同样的强烈反应，或者给予同等强度的回应。又或者对方根本就不屑于关注这种威慑，也许第一次会产生一些震慑作用，但是久而久之，对方就会发现惩罚者可能只有这样一种惩罚措施可用，而在双方都不想承担彻底撕破脸皮所带来的风险的情况下，这个最严厉的惩罚会渐渐变成一个无用的摆设。

老子说"国之利器不可以示人"，意思就是说每一个人或者每一个企业、国家都要懂得将自己的底牌隐藏起来，不到万不得已的时候，不要将底牌亮出来，因为一旦轻易亮出底牌也就意味着在之后的博弈中将会彻底失去谈判的筹码。

这就如同两个核大国一样，一旦发生了一些军事小冲突，直接动用核讹诈是不太理智的行为，毕竟双方之间的矛盾冲突并没有达到这种地步。直接用核武器进行威胁往往会导致这个大杀器失去威慑力，因为对方意识到根本没有任何一方敢轻易动用核武器，尤其是考虑到自己手上也有核武器。越是过早将核武器作为谈判的筹码，越是证明了对方已经缺乏相应的筹码了。

在现实生活中，很多事情本身就需要进行多次博弈，可以说博弈本身就需要一个漫长的过程，在这个过程中，每一次的博弈都是一种针对性的回应和巧妙的试探，这样双方才能在交锋中逐渐达成一种平衡，彼此也才能够通过博弈来慢慢接近自己的目标。如果轻易就提升威胁的程度，就可能会导致原有的博弈进度遭到破坏，自然也就难以达到预期的效果。

对少数人进行奖励，而不是全部

有个团队在过去几年一直都极具竞争力，许多人都纷纷请教团队的负责人和管理者，希望获得一些管理方面的秘诀。这个时候，团队管理者笑着说："团队成功的秘诀就在于，对少数人实施奖励，而不是全部的人。"

通常情况下，人们会觉得一个团队在获得成功之后，功劳应该属于团队内部的每一个成员，毕竟如果计算贡献值的话，可能每一个人都应该获得称赞，但是每个人都有贡献并不意味着管理者就要对每一个人论功行赏。一个聪明的管理者不会对所有人进行奖励，而是将这一份奖励给予少数几个重要的人身上，而这恰恰就是推动团队进步和发展的重要方法。

许多人会认为这种只照顾少数人利益的做法不公平，会让团队内部的其他人感到心寒，但管理者有自己的打算。比如一个团队在接受某个任务时，每个人都会琢磨着完成了任务，自己将会获得什么好处（这种想法很正常）。当团队成功完成某项任务后，大家的期待更强烈，这个时候管理者面对的是一场利益上的谈判，尽管团队内部的其他人不会站出来说"我们需要什么奖励"，但是潜在施加的压力是存在的，而管理者会意识到自己试图去满足每一个人的胃口根本不可能，因此最好的方法就是转移这种压力：对团队内部少数核心人物进行奖励。

管理者通常会给核心人物增加更多的奖金和福利，或者直接对他们进行提拔，而其他多数人往往只得到一个赞赏，或者最多能够获得两天的假期——这样的奖励与核心人物获得的收益相比几乎已经算不上什么奖励了。

那么管理者为什么要这样做呢？原因很简单，一方面是为了减少奖励，毕竟人数越多奖励的数额越大，这对任何一个管理者来说都是一个很大的负担，管理者会处于一个非常被动的弱势地位；另一方面，考虑到团队内部每个人的贡献不一样，因此完全平等的奖励是不合理也不存在的，而这种不平等必然会刺激内部的竞争，既然如此，那么只给少数人奖励将会进一步刺激内部的竞争，其他人会意识到一个问题，自己只有成为团队内最强大的存在，才会获得重视。

或许因为内部分配的问题，导致团队出现分歧甚至分崩离析的情况，但这种情况并不多见，多数团队的解散在于内部核心人物之间的分歧，而非边缘人物的不满引发的散伙。而管理者的奖励本身就是针对少数核心人物的，可以说有效减少了内部核心分裂的可能性。很多时候人们并没有注意到一点，多数企业的发展都是大多数人共同奋斗的结果，但是最终的奖励都被少数核心成员占据了。换句话说，这本身就是一种常态，而分配者只不过按照已有的规则行事而已。

从这一方面来说，管理者采取少数奖励的原则本身就是一种比较冒险，但是却很实用的谈判方式，它可以以更小的代价（奖励的数额）来保持对团队的激励，而且还进一步激发了团队内部的竞争与活力。

这种博弈策略在一些纠纷中同样会得到运用，尤其是当一方与多方竞争者组成的同盟之间产生纠纷时，为了确保在谈判中付出更小的成本，或者损失更少，单独的一方可以采取这一原则行事。

比如S企业在市场上的发展势头一直都很猛，这样就威胁到了其他企业的利益，为了压缩S企业的生存空间，X企业联合了Y企业以及其他4家企业组成了一个暂时的同盟，大家一起对S企业进行施压，要求对方出让新开发的一个项目75%的股份，然后几家公司一起入股。这对S企业来说是一个非常困难的决定，毕竟这个项目蕴含了一个很大的商机，眼前的利润以及未来的发展空间都是值得期待的。虽然S企业也想过寻求合作者一同开发这个项目，这样也还能缓解身上的压力和风险，但是一次性出让75%的股份显然让人难以接受。可是如果不接受这个苛刻的条件，恐怕这个新成立的同盟会四处搞破坏。

面对进退两难的境地时，S企业的副总裁提出了一个新的谈判方案：只愿意出售60%的股份给X企业和Y企业。这个方案实际上将同盟的其他4家企业直接忽视掉了，相信其他企业一定不会同意。但事实上，这个方案很快被X企业和Y企业接受，它们和S公司签订了合作协议，而这个同盟也很快解散。

在这个方案中，S企业成功少出让了15%的股份，却没有引起对方的反扑，结果的确有些令人意外，但一切又在情理之中。因为按照这种新的分配方式，X企业和Y企业将会获得剩余60%的股份，这两家实力相当的企业基本上会平分这些股份。而按照同盟之前提出的要求，由全部6家企业分享出让的75%的股份，每家企业获得的股份都很少，即便X企业和Y企业实力较强，且是这个方案的发起者，恐怕最多只能各自分到20%～25%的股份。

可以说S企业提出的新方案让X企业和Y企业这两个最大的竞争对手获得了更多的股份，在利益的驱使下，它们自然会拥护和支持这个方案，至于其余4家公司由于实力相对较弱，它们或许可以向S企业施压或者向X企业施压，但它们即将面对的是S企业＋X企业＋Y企业的新同盟，获得成功的机会少之又少。

正是因为采取了少数奖励的原则，S企业成功利用利益分配不均的方式引发了对手内部的矛盾，并成功分化了来势汹汹的阵营，同时还将两个强大的对手变成了合作伙伴。不仅如此，还少付出了15%的股份，可以说这个策略真正做到了一箭三雕。

其实，无论是对团队进行奖励，还是和竞争对手进行利益分配，少数奖励的原则都证实了一个道理：想要征服多数人，那么最重要的就是征服多数人中最重要的少部分人，因为只有那少部分人才真正拥有话语权。

所以当人们认为自己的博弈对象有很多人时，其实并没有发现真正的对手只有那么少数几个人或者一个人。当人们意识到自己面对的是一个非常强大的对手时，或许并没有意识到这个对手很容易就被分解成几个实力并不那么强大的部分。在博弈和谈判的过程中，有时候只要花费一部分利益来收买对手阵营中的少部分人，就可以在谈判中抓住主动权。

博弈究竟适不适用于现实生活

　　许多学习博弈论的人通常都会问这样的问题："这些博弈模型和方法往往都很有趣，但问题在于它们在生活中适用吗？"或者说"它们是否会产生效果"。客观来说，每一种博弈模型都会对个人的生活和工作产生指导作用，而博弈论本质上是一种方法论，通过对博弈论进行接触和学习，人们可以掌握一些新的思考方法，可以更好地审视和判断社会生活中的各种现象。可见，这些博弈模型具备一定实用性，但问题在于这些模型本身就是一种理想状态下的模型，里面涉及的博弈大都是在某种特殊规则下进行的，博弈者的设定、博弈策略的设定、博弈环境的设定都具有一些套路和规律。

　　比如，田忌赛马中的设定是齐威王不懂田忌和孙膑的想法，因此不能够有效做出调整；强盗分钻石的设定是其他强盗同样具备强大的分析能力，而事实上，如果强盗和普通人一样没有考虑那么多，那么第一个强盗无论如何都会一无所获。包括前面谈到的智猪博弈也是一样，一旦大猪对小猪的行为产生厌恶，可能就会冲动地放弃踩按钮的机会，决定与小猪一样什么也不干。而考虑到大猪的体量，它会在放弃进食后比小猪坚持更长的时间。

　　这本书中讲到的很多策略或多或少都具有一些偶然性，它们之所以会成立就在于人们对这些模型也进行了相关的设定，打造了比较理想化的模式，里面涉及的人、方法、环境都是理想化的，而现实生活瞬息万变，不确

216

定性的因素太多，很容易对理想化的环境设定产生影响。

一个定义完整的博弈主要包含参与人、规则、结果和支付四个部分。参与人就是指博弈的参与者，规则定义了参与人在博弈每个阶段的信息集和可选行动集，结果是指参与人按照每一种选择行动分别会产生的影响，支付则定义了每个参与人在每个结果上分别获得的效用。其中，规则是影响博弈的一个重要因素。以囚徒困境为例，这个博弈模型的规则就是每个参与人都只有两个可选行动，背叛和不背叛，决策时都不知道对方行动。

囚徒困境在现实生活中有可能会存在，但有可能会发生变化，因为现实生活的审判中可能不存在类似的规则，比如两个囚徒在被捕之前就已经串供，或者这两个人的感情非常好，所以从一开始就只有一种选择"相互合作"。还有一点是囚徒可以选择沉默，一些犯人被抓之后为了避免说错话，有时候长时间也不说一句话。可以说，理论中的那些规则可能未必完全符合现实生活。

博弈论模型通常都会满足一个特定的结构，是一个形式化的逻辑，有很强的指导意义，它们可以揭示现实中的很多问题，并对这些问题进行解释，可是想要彻底解决这些问题往往会存在一定的难度。现实环境往往比博弈模型中设定的规则更加复杂，相应的干扰因素也很多，而任何一个微小的干扰都可能会对整体效果造成影响。有些博弈论会起到很好的作用，有的则难以发挥出太大的功效。

可即便如此，博弈论本质上是一种方法论，通过对博弈论进行掌握，人们可以掌握一些新的思考方法，可以更好地审视和判断社会生活中的各种现象。比如在日常生活中人们通常存在一种思维定式，就是当自己意识到当前的情况对自己不利或者存在某种不合理的现象时，就会想当然地提醒自己应该立即采取一种针对性的行动，或者制定某一种针对性的策略。有人无缘无故侵犯了自己的利益，就要立即制定反击策略；团队内部出现了分配不公的现象，就立即要求制定更为合理公平的分配制度，甚至做到同薪同酬；某种方法不起作用，就会立即想到对这个方法进行改进。

而学习博弈论却能够有效突破这种思维定式，确保人们可以将自己制定的策略与他人可能制定的策略集合在一起考虑，并对彼此之间可能产生的影响，以及这种影响触发的新策略进行分析。通过预测自己的行为引发对方的反应，以及自己对这些反应做出的呼应，人们会在不断的分析中得出一个更为均衡的策略。

总而言之，博弈本身是从生活或者实验中总结出来的，它具有一定的指导性，其中的某些方式还和日常生活很契合，但是作为一种理论指导，博弈论以及博弈模型的存在有其特定的规则，这些规则的制定使得某些博弈在一定程度上与现实生活出现了偏差，这种偏差正是同理论上的研究和现实中的实践之间的差别。因此，完全将博弈论搬进生活中自然不可取，毕竟很多干扰因素会破坏效果，但这并不意味着博弈论就不适用于现实生活，它仍旧可以很好地指导人们的行动，可以帮助人们进行策略分析，并提供一些必要的博弈技巧和方法。

第八章

信息的正向搜集和反向运用

如果简单地以5：5的思维来考虑和分析问题，那么人们的判断和决策就会发生错误，并对博弈结果产生很大的影响。

打破信息不对称引发的博弈劣势

在一家公司里，员工可以就薪水问题和老板进行沟通，并期待着能够获得一些积极的反馈。但在很多时候，领导者都会在这种谈判中占据上风，员工可能最终还是拿着原来的薪资，也许可以获得一定的薪水提升，但这种提升的幅度和之前的期望相去甚远。

逛商场时，消费者遇到自己心仪的产品，通常都会和商家进行议价，并千方百计希望将价格降低，可是每次购买完产品之后，他们就会发现产品价格仍旧存在很大的议价空间。

同样的情形也发生在谈判当中，参与谈判的一方希望另一方做出让步，可是在谈判交锋的过程中，经常会发现自己手中的筹码越来越少，自己的策略也越来越失败，利益空间被不断压缩。

以上三个不同案例都存在一个相同的博弈结果，那就是无法在博弈中占据更多的优势，而产生这种现象的原因主要在于信息缺失，或者说拥有的信息量太少，尤其是对对方掌握的信息太少，而反过来对方却对自己占据信息优势。

比如员工或者基层工作者在和上层领导博弈时常常处于弱势地位，主要原因不在于地位上的高低，而在于双方掌握信息量的差距。一般来说，上层领导握有更多的信息，而且他们通常掌控着关键的信息，由于信息不对称，基层员工更容易被上级牵着鼻子走，老板可以更轻松地运用各种手段"威胁""操纵"下属。

在商场里也是一样，商家对于产品的信息非常明了，而且通常情况下会对不同类型的消费者有一些了解，而反观消费者，他们中的大多数都不具备完善的产品信息，不具备专业的买卖技巧和技能，对商家也不甚了解，因此很容易在购买过程中"吃亏"。

在谈判过程中，如果一方了解的信息更多，掌握了另一方的相关信息甚至了解了另一方的底牌，那么另一方就会完全陷入被动，接下来无论采取什么策略都可能会引发对方针对性的行动。

可以说信息是整个博弈中非常重要的因素，毕竟任何一个策略都不是随便做出来的，只有对某件事或者对博弈对象有一定的了解，才能够制定出更为合理的策略。从某种意义上来说，掌握更多的信息是提升博弈水平的一个重要方式，而限制信息则是影响博弈结果的有效方法。

那么博弈信息究竟是什么呢？从博弈论的角度来说，博弈论信息主要包含两种信息概念：第一种是完全信息，也就是说整个游戏规则与支付（博弈的效用、利益和目标）矩阵都是公共知识，这些知识大家基本上都知道。完全信息通常都是公开的、透明的、大众化的，任何一个参与者都会知道。但是参与者通常只了解一个博弈的大致结构，对于其他参与者的具体细节则不太清楚，而且传统的博弈理论通常假设博弈双方都具有完全的信息，但是在现实生活中，行为主体在大多数情况下不仅不具备完全信息，而且发现信息的能力也十分有限，他们的决策行为往往面临很多不确定性。

第二种是完美信息，指的是在多步骤的游戏（博弈就是游戏）中，每个参与者对其他人以前所有行为都非常了解。不过，参与博弈的人对于整体的博弈框架和博弈的目的并不清楚。

通常情况下，掌握更多的信息会增加博弈的优势，而信息缺失一方则会陷入博弈劣势之中。因此，掌握更多的信息成了提升博弈优势的重要方式，但是囿于知识结构、知识水平、生活环境、社会地位等因素的影响，很多时候弱势者的信息结构是存在先天缺陷的，而且难以通过相关渠道获得更多有价值的信息。就像一个普通员工，他们所能掌握的信息通常比不上老板，这是员工的先天不足，尽管他们可能会通过一些方式来填补某些信息空缺，但是信息劣势仍然存在。

对于信息劣势者来说，想要扭转这种劣势局面，有时候仅仅依靠信息补充有些困难，而在缺乏信息的条件下，不妨制造一些信息不能解决的困境，以此对对方形成博弈优势。

比如人们可以建立对策思维，简单来说就是"你知道，我也知道，我也知道你知道，你也知道我知道你知道"的思维模式。比如某个人受到了竞争对手的打压和挑衅，为了维护自身的利益，他可以霸气地做出表态："我和你好好谈话并不是因为怕你，我知道你有什么弱点，你也知道我知道你身上的弱点，但是你现在试图侵犯我的利益，可能会被迫让我做出反击措施。"在不清楚对方会采取什么行动，或者不清楚对方有什么弱点和把柄时，这种表态可能会对对方造成威慑。

在理解信息不对称的时候，也可以采用动态思维的方式，即今天可能某一方不占据信息优势，但是这并不代表以后同样不占据信息优势，以动态的、发展的、变化的眼光和思维来看待信息不对称，它并不是一个固定的概念，会随着事物的发展变化而变化。比如很多员工在信息缺乏的时候，可以告诉自己多出去走走，多学习一下，或者去国外深造，以后就可以了解更多的信息，并以此作为和老板谈判的资本。有时候还可以引导对方产生这种动态思维，确保对方在博弈中不会表现出太大的主动性和攻击性。

在信息不对称的局面中，人们有时候还需要建立多边的思维，所谓多边的思维是要意识到利益相关者可能不仅仅包括交易双方，可能会存在其他人，因此这是一个多方的博弈。

比如房地产商A要把房子卖给B，价格为X元，B通过关系找到A的朋友

D，希望D可以帮助自己在A面前讲讲价，A碍于D的面子于是同意将房价从X元降低到Y元，于是B以低价买到了房子并觉得很开心。但是B可能没有想到的是，这个房子本身的价格连Y元都不到，一切都是A事先设计好的阴谋和套路，A与D一起联合演戏，一唱一和，两个人都从B这儿榨取了利益。

人们还需要建立非量化的思维，去理解信息不对称的困难。所谓非量化的思维是指要意识到数据或指标并不能解决信息不对称带来的全部问题。就像许多人在接受一项任务时，上级领导自豪地说："过去30次执行任务，没有任何一个人遇到过危险。"但对这个执行者来说，过去的30次成功避险并不代表自己就不会出现意外。

同样地，当某个厂家宣称自己的产品百分之百合格的时候，消费者所购买的产品并非百分之百就是合格的。一些常见的量化信息具有欺骗性，或者因为普遍性而导致人们忽略了事情的一些特殊性甚至是唯一性。

总而言之，信息是影响博弈结果的关键因素，但信息劣势或者信息不对称并非意味着一定就会导致博弈的某一方处于劣势地位，只要掌握正确的方法和技巧，一样可以弥补信息不足带来的劣势。

倾听是最柔和的一种博弈方式

张先生在一家跨国公司的某部门内担任主管，由于语言和文化不同，很多外籍员工经常会和上级领导产生分歧，比如经常在工作环境、工作方法、工作待遇方面提出一些异议。正是因为如此，许多管理者都在私底下抱怨这些外籍员工不好管理，一些指令在下达之后常常会遭遇各种阻力。

但是张先生却能够很好地处理自己和外籍员工之间的关系，有时候双方之间虽然也有一些小矛盾，但是他往往可以将这些分歧降低到最低水平，而且有效保证分歧不会影响到日常的工作。而他的做法很简单——就是保持倾听的姿态。这意味着无论对方说些什么，无论自己是否同意对方所说的话，他都会认真听完对方的话，而他手下的员工每次也都能够认真执行相关的命令。

许多人都会这样去想，领导和管理者往往拥有权力按照自己的意愿行事，可以不用理会下面的人说了什么话，而这种魄力也决定了领导需要掌握相关的决策权。正因为如此，很多领导更喜欢发表讲话，更喜欢将自己的想法强制灌输给下属，但人们显然忽略了一点：任何提出意见或者建议的人都希望自己获得重视，都希望提升自己的存在感。如果过度压抑人们的这种需求，那么随之而来的反弹往往也更大，至少在执行的过程中，他们的状态会受到很大的影响。

相比之下，倾听是一种更加柔和、更加稳妥的方法。倾听的人看似被动，但是却能够掌握主动权，而那些看起来掌握了主动权的表达者却陷入了被动。因为对方如果提出了一个好的观点，那么倾听者就可以顺理成章地采纳这个观点，这样对谁都有好处。如果对方的观点不合理或者并不适用，那么倾听者即便不采纳这个观点，可是倾听行为同样让对方感受到了最起码的尊重。

假设每个员工都有沉默（服从指令）和建议（对抗权威）的权利，而管理者拥有倾听和独裁的权利，那么双方之间的沟通会出现这样的四种情况：员工提出了自己的看法和意见，而管理者做出了反驳，并坚持自己的想法；员工提出了自己的意见，管理者保持认真倾听的姿态；员工始终保持沉默，管理者按照自己的意愿行事；员工保持沉默，管理者同样没有任何表态。

从这四种情况来分析，当员工提出了自己的意见，而管理者保持认真倾听的姿态时，双方之间的关系最好，此时员工对管理者的好感更强，而管理者对于员工的尊重更多。可以说，仅仅从双方的关系维护上来看，这种策略是最合理的，不仅如此，对于管理者来说，倾听是一个最理想的选择，这样既可以避免冲突，也可以获得对方更多的认同和信任，而信任往往是解决分歧的前提。

举一个简单的例子，一个老板准备按照1号方案开发新项目，但是其中一位工程师却坚持使用2号方案，并且主动要找老板谈一谈。工程师之所以这么想是从技术角度出发的，因为这样做的技术难度更小，相对地也就更加安全，而老板之所以选择1号方案是从经济效益的角度来考虑的，他认为使用1号方案虽然成本更高一些，但是后期的收益更高。

接下来，老板认真听取了工程师的方案，对对方的行为表示赞赏，然后略微陈述了一下自己的想法。最后虽然没有采纳对方的建议，但工程师并没有觉得特别失落，重要的是他的想法引起了老板的注意，并且自己有机会阐述相应的观点和内容，这才是最重要的。

通常情况下，多数人并不介意自己的想法是否会被接纳，他们更加在意自己是否有机会表达这些观点。许多职员都曾表示"老实说我并不在乎自己的想法是否获得老板的批准，但只要对方愿意听我说出这些话，这就是令我最开心的事情"。一些大型公司的老总经常会去基层和一线检查，然后认真倾听员工们提出来的建议和意见，事实上这些来自底层的建议大多数都被否决掉了，只有一小部分受到了重视，但这丝毫没有影响到员工的工作状态，在他们看来，老总能够认真倾听这些话就已经是一种最好的表态了。

从某种意义上来说，倾听更像是一种精神支持，而管理者需要向下属们发送这样一个支持的信号，告诉他们"我很尊重你们的想法，我希望获得你们的帮助"，至于这些话是否真的能够帮到什么忙，也许管理者并不太重视，而表达的人或许同样不那么看重。

需要注意的是，争论有时候之所以会产生，是因为人们总是希望他人能聆听自己，能尊重自己，而很少是因为"固执己见"，这一点在上下级关系之间更为常见。聆听对方并不会失去什么，有时还能让对方做出实质性的让步。与之相比，如果直接否认对方的观点，个人在说服对方立即行动方面所花费的时间、金钱、精力都会翻倍。而聆听能够表出这样一种观点和态度"我想知道你在想什么"，这样就可以更有效地打消对方潜意识中的反对意见，而不会造成对峙局面。

总而言之，倾听是一种非常出色的博弈技巧，它让表达的人感觉自己受到了尊重，感觉自己发现了自身存在的价值，这种感觉会带来更多的安全感，而很多表达者需要的就是这些安全感，只有这样他们才不会四处抱怨，才不会对他人的想法说三道四，才会更加认真地服从指令去执行任务。对于那些善于倾听的人来说，或许游戏的规则从一开始就已经被他们牢牢掌控在手中了。

剪刀石头布的博弈法则

在日常生活中，几乎人人都会玩剪刀石头布的游戏，而通常情况下我们会觉得这个游戏只是依靠运气罢了，因为谁也不知道对方下一步会出什么，可以说当一方出剪刀、石头或者布时，都有可能克制对方，也有可能被对方克制，或者打成平局，这样的情况让游戏变得更加难以预测。

或者人们可以尝试着从概率学的角度进行分析，即每个参与者每一次都有33%的概率出剪刀，有33%的概率出拳头，以及有33%的概率出布。也许很多人会这样认为："我每一次出招后，赢得这场对决的概率是33%。"按照正常的分析来看，情况似乎是这样的，比如一方出剪刀后，对方可以出剪刀，可以出石头，也可以出布，而只有对方出布时，这一方才能赢得胜利。

但这种概率分析并不能帮助参与者更好地理解游戏，更不能帮助他们在游戏中占据多少优势，而且33%的概率实在不高，因此想要真正提高游戏水平，增加获胜的概率，应该从博弈的角度进行分析。游戏就是博弈的一种通俗叫法，或者说游戏本身就包含了博弈策略，既然是博弈，个人的选择往往会受到环境以及心理的影响（这一点也符合剪刀石头布这个游戏的出招法则），那么参与游戏的人该如何制定相应的策略呢？

从心理学的角度来分析，多数人都习惯坚持这样一个基本原则："赢了就坚持，输了就换。"简单来说就是当某人在游戏中赢得胜利之后，往往会记自己的出招方式，然后继续坚持这种出招。而对于输掉游戏的人来说，下一次会主动变招。

比如甲在第一局游戏中用石头赢了乙的剪刀，那么甲在第二局仍旧会坚持出石头，而乙会主动求变，出石头或者布，这样一来，乙获胜的概率会获得很大的提升。如果双方都对这个原则了如指掌，并且意识到对方也会这么做，那么乙一定觉得甲会继续出石头，因此自己应该立即出布，这样他就可以赢得第二局的胜利。但是考虑到甲也可能会这么去想，毕竟当对方输了就变后，自己再出石头将没有任何胜算（对上了乙的石头或者布），那么甲就会对乙的策略思维进行分析："乙大概会觉得我还是坚持出石头，因此乙会出布进行克制，那么我干脆出剪刀。"这样一来甲就用剪刀克制了乙的布。这个时候甲并不急于按照"赢了就坚持"的原则行事，而是先分析对方"输了就换掉"的原则，然后做出针对性的调整。这个时候甲实际上已经打破了"赢了就坚持"的原则。

简单来说，就是当一方在某一局游戏中赢得胜利时，首先就会记住自己的出招方式，然后会以此来推断对方在下一局中的克制招数，并制定针对性的策略。但是对方同样会有着更深入的思考，如果对上面的游戏进行进一步延伸，那么乙应该意识到甲可能会主动求变，毕竟任何被"赢了就坚持，输了就换掉"原则束缚的人都可能会在博弈中陷入被动。乙会这样去想："如果对方看出了我输了就变招数，那么我出布的时候，甲就容易出剪刀，因此我应该出石头。"这种情况下，甲的剪刀输给了乙的石头。而此时，无论是甲还是乙都打破了最初那个常规的操作原则。

接下来可以对前面的博弈进行总结，一开始甲用石头对上了乙的剪刀，接着甲主动求变，以剪刀赢了乙的布，或者乙看透了甲的伎俩也主动求变，直接以石头赢了甲的剪刀。如果对前面的分析进行回顾，就会发现一点，那就是乙如果在输掉第一局之后坚持"输了就换掉"的原则，有可能出布，也有可能出石头；而在乙针对甲可能出现的调整而做出主动改变时，同样会出石头。综合这两点来看，乙在第二局中最稳妥的出招方式就是出石头，这样无论甲主动求变还是保持不变，乙都可以立于不败之地。当然，前提是甲不会继续对乙的行动做出猜测，毕竟这种猜测是一个类似于"我知道乙知道我知道乙知道……"或者"我猜测乙知道我猜测乙知道"的无限循环。

如果将这个问题进行简化，那么双方出招的最好方式就是打破"赢了就坚持，输了就换掉"的游戏原则，无论甲或者乙都不要试图坚守这样的原则行事，当然，他们还需要进行仔细的观察，看看对方是否会受到这个原则的影响，而这可能需要两局以上的游戏测试才能够看出来。因此当游戏的次数越来越多的时候，人们更需要找到内在的规律，这样才有机会掌握主动权。

当然，有的人可能会习惯于坚持这个原则，但是输掉的一方应该意识到这样一个事实，那就是多数人不太可能连续三次使用同样的出招，即便这个人连续赢了两次，他也不太可能第三次冒险，因为他会觉得对方在连输两次之后必定会做出改变。而输的一方，也应该意识到赢家会在第三次做出改变，这个时候输家坚持原有的招数反而会立于不败之地。就像一个人连续两次出剪刀输给对方的石头，第三次他依然可以出剪刀，因为赢的一方会主动放弃出石头，而改成剪刀或者布。

以上的几点分析大都是基于心理分析的，依据心理上的对决，人们往往可以更好地制定博弈的策略。当然，为了赢得博弈，有时候就需要收集必要的信息，而这种收集主要来源于日常的观察。比如在玩剪刀石头布游戏的时候，人们可以对对方的出招方式进行观察和统计，总结出一些规律，看看对方平时习惯出什么，习惯先出什么、后出什么，针对这些统计，人们可以找到对方的一些出招规律。

在生活中可能也会存在类似于剪刀石头布游戏的竞争模式，一旦博弈双方之间的竞争策略相互克制，那么就要运用上面的博弈方法制定策略，就像两支势均力敌的队伍同时发起攻击一样，如何应对对方的攻势，并在第一轮冲突之后制订更为合理的计划，这些都需要运用剪刀石头布的原理，或者对这一原理中所隐藏的相关信息进行把握和应用。

博弈游戏中的归纳法则

有几家大公司垄断了某地90%的电子产品市场，不过由于市场容量是有限度的，大家都必须将产品生产的数量控制在一个合理区间内，如果一家公司的产品数量生产过多，那么将会堆积大量的库存，从而给公司增加很多不必要的成本，可是一旦产品生产的数量明显偏少，那么就会造成生产力的浪费，为此公司将会白白失去很多市场份额，而且还容易被对方抢占市场。

为了解决生产数量的问题，通常会采取两种方法，一种是以自己往年的市场占有率和生产产品数量作为标准，然后根据具体的需求和环境变化，考虑这家企业的市场影响力，加上已经形成了一个比较固定的生产模式，它只需要适度做出一些调整，而产量与往年相差不大。不过仅仅依靠往年的产量作为参考并不完全可靠，因为竞争对手的产量是未知的。当然，竞争对手的产量是内部机密，不可能被外界知道，因此，公司还需要参照对方往年的产量作为标准和依据。

当然，这几家公司对彼此之间的产量是否足够稳定并不清楚，换句话说，对手是否决定增加产量，或者是否决定缩小产能，这些都是未知的。因此最好的方式就是先依据对方往年的产量来制定自己的产量，然后在生产和销售的过程中，看看是否需要进行调整。如果自己刚好达到了最优产量，那么就不需要调整，如果没有达到最优产量，就需要及时调整，直到达到最优产量。

在这里，公司采取的方法就是归纳法，即对相关的历史资料和经验进行归纳总结，从中找出规律，这些规律在信息缺乏的情况下往往可以起到一定的作用，可以为未来的发展和策略的制定提供一些参考。事实上，对未来的正确预测从来都不存在，最有效的方式就是依据过去的资料和经验做出归纳，然后进行预测。

美国斯坦福大学的经济学家阿瑟曾经提出了一个"酒吧问题"的博弈模型。这个模型是基于反对"演绎推理引发经济主体行动"的观点而设定的，按照阿瑟的说法，个人的行动是建立在归纳基础上的。

酒吧问题是指100个人每个周末都要决定是去附近一家酒吧消遣还是待在家里，酒吧只能容纳60个人，因此至少会有40个人无法进入酒吧。在缺乏信息沟通的前提下，人们每天要决定自己是否应该去酒吧，如果自己某一天去了酒吧，而当天决定去酒吧的人并没有超过60个，那么他的决定就是正确的。如果当天决定去酒吧的人超过了60个，那么他待在家里的决定就是正确的。

在这里，人们并没有通过打电话询问其他人，或者借助望远镜观察酒吧内部的情形之类的方式打探消息，而是对决定去酒吧的人进行预测，如果自己的预测人数达到或者超过60人，那么就会做出不去酒吧的决定，反之，则决定去酒吧。这种预测更多时候具有一定的主观性，但绝对不是胡乱猜测。

因为预测者完全可以借助以前的信息，比如自己亲身经历或者听来的消息，对酒吧内的总人数做出判断。就像一些人知道在周末的时候，酒吧人数会非常多，在周一和周二的时候人数会偏少。又或者说在某些节假日的时候，酒吧里的人会多一些，但是类似于圣诞节、感恩节之类的家人团聚的日子，酒吧里的人会少很多。同时他们还可以通过天气来回想人们什么天气会倾向于去酒吧，什么情况下则倾向于留在家里。通过读相关数据进行分析，人们会归纳出一些平均数。

通过对过去的相关信息进行分析，人们可以更好地做出决定，但是这些预测也并非总是对的，有些人根据过去的经验和历史做出预测，认为酒吧人数少于60人，结果当他们去酒吧时发现早就人满为患。有时候他们会预测酒吧人数达到了60人，但事实上，酒吧里或许连40人都不到。

所以问题在于每个人在依据历史数据做出合理预测的时候，也要确保其他人做出了合理的预测，尽管信息源即过去去酒吧的人数是一致的，但是每个人是否都采取了归纳法进行预测呢？他们的预测信息是否类似或者一致呢？事实上，只有正确地进行归纳，人们才能够对自己是否要去酒吧做出更为合理的决策，但是正确的决策始终不存在。当然，阿瑟发现了一个现象，在大家都依据历史进行归纳之后，一开始，去酒吧的人并没有固定的规律，但是不久之后，平均前往酒吧的人数基本上趋近于60。

归纳后的预测有时候不一定准确，因此人们需要改变自己的策略，即通过少数人博弈的方式制定策略。比如当归纳结果显示，过去两周的周二会有超过70人决定去酒吧，那么很多人就会对这周二是否应该去酒吧持否定态度，而当大家都这么想的时候，那么大家都会放弃去酒吧，导致酒吧人数严重低于60。而这个时候，少数因为碰运气或者压根没有做过预测的人会前往酒吧享受更好的服务。

这种博弈模式在生活中比较常见，比如城市道路经常发生堵车现象，而过去几天的数据显示进入城市的A入口到市中心商贸大厦是比较拥堵的路段，很多人前往市中心时都被堵在这儿。根据这样的历史提示，许多人会改变道路，改从B入口绕道前往市中心，结果大家纷纷被堵在B入口的道路上，而少数坚持走A入口的人一路畅行无阻。

类似的情况在人才招聘市场上也会存在。许多人都知道一些大公司每年都会招人，但是相应地会有很多优秀人才竞争几个仅有的职位，一些重要岗位的录取比例可能不到百分之一。面对这样激烈的竞争，很多人会选择放弃，他们不想将精力花在希望渺茫的事情上，所以他们会退而求其次，参加一些待遇更次一些的企业招聘会。大家都这么去想的时候，可能会在某一次大公司的招聘会上集体缺席，少数人会意识到这样的可能性，于是会坚持参加这些应聘，自然而然，他们面临的竞争压力比往年小很多，反而轻易就获得了理想的工作。

可以说，归纳历史的做法有助于人们掌握一些规律性的信息，无论是按照历史显示的规律去做，还是按照历史提示实施少数人博弈的策略，其本质都是借助历史和经验给自己更多的信息提示。

想要达到目标，
有时候需要设定一些诱饵

麻省理工学院的斯隆管理学院曾经让100个学生订阅《经济学人》杂志，当然，学生拥有好几种不同选择。第一种，学生只需要花费59美元在网上订阅杂志；第二种，学生花费125美元购买印刷版的杂志；第三种是印刷版加电子版套餐，而价格仍旧是125美元。结果显示：订阅电子版的人数为16人，订阅印刷版的人数为0，而订阅印刷版加电子版套餐的人数达到了84人。

这个结果看起来毫无问题，毕竟谁都知道在价格同等的情况下，订阅印刷版加电子版套餐要比订阅印刷版的杂志更加划算，可是多数学生都在进一步的推理和分析中得出了这样一个结论：电子版杂志是免费的。

事实上，这是杂志方的一个策略，毕竟它最初就是希望学生可以订阅125美元的印刷版加电子版杂志套餐，这是它的目标，但是由于担心学生会认为价格太高而拒绝，因此干脆设置了3种选择方式。其中第一种价值59美元的电子版杂志是设定出来的一个"竞争者"，目的是和125美元印刷版杂志的选择进行对比。而第二种所谓的印刷版只是一个信息"诱饵"，加入这个诱饵，使得学生意识到"原来电子版杂志可以不要钱"。这个时候，学生们看重的是"我节省了59美元"，却没有想过其实自己根本没有必要多花一笔钱去弄一份印刷版杂志，他们原本只需要花费59美元即可。在价格优惠的刺激下，学生做出了不理智的选择。

这个策略在生活中很常见，一些商家经常会使用类似的方法误导消费者，他们会隐藏自己的目标计划，想办法设置一些诱饵来诱惑和刺激对方，确保对方做出一些更有利于商家的选择。

后来有人对这个销售策略进行了修改，他们删除了第二种选择，即购买125美元的印刷版杂志，结果发现选择第一种购买方式的人达到了68个，而选择印刷版加电子版套餐的人变成了32个。很显然，如果没有这个诱饵，那么电子版59美元的选择将更具吸引力。

为什么去掉了一个没人选的选项后，人们的购买思维和行为会发生如此大的变化呢？原因就在于这个没人选的选项本身不过是一个诱饵，存在的目的就是帮助人们进行对比，并凸显出目标在和竞争者对比时的优势。

比如，某人和朋友决定一起去吃饭，他先提出了两种方案，要么吃湘菜，要么去吃韩国料理。湘菜的样式比较丰富，而且辣味十足，让人回味无穷；当然韩国料理也不错，而且可以享受一下异国风味。朋友可能会摇摆不定，因为在他看来，湘菜的味道非常好，韩国料理也非常不错，但是对于提出方案的人来说，他更希望吃到韩国料理。所以这个时候，他会再次聪明地加入一个诱饵：吃日本料理。日本料理非常精细，与湘菜相比是各有优势，但是它和韩国料理非常相似，而价格则要贵很多，因此朋友很快否决了这个选项。最后，朋友还是决定去吃韩国料理。

事实上，每一个博弈者一开始就会设定一个自己的目标选项，只不过对方可能并不会对这个目标选项产生多少兴趣，这个时候设置诱饵就显得很有必要。诱饵的目的并不是真的给人们增加新的选项，而是起到一个干扰的作用，破坏其他竞争选项的优势，目的就是引导对方在对比中更倾向于接近"目标"这个选项。在多数时候，人们都容易忽略竞争选项，而将目光直接放在诱饵与目标选项的对比上。

比如甲乙两人分别在步行街上开了一家服装店，甲的服装主要是韩式休闲风格的，而乙的服装是一些北欧风格的，两家店的服装价格差不多，质量也相差不大，营业额大致也相等。为了获得更多的盈利，将甲的服装店排挤出去，乙在步行街上又开了一家北欧风格的服装店，店里面的产品和第一家店虽然有所不同，但是价格却要贵一些，因此新店里的顾客并不算太多。可是一段时间之后，乙的第一家店生意越来越火爆，客源越来越多，而且就连原先去甲店消费的顾客也有很大一批被吸引过来。几个月之后，甲的韩式服装店倒闭，而乙的两家店继续开张，他也因此挣得盆满钵满。

在这里乙就成功使用了诱饵效应，而诱饵就是开张的第二家店，这家店与第一家店相比，根本没有任何优势可言，这样就使得消费者会将目光锁定在第一家店身上。这个时候，消费者的关注度会从原先甲乙两家店的竞争转移到乙开张的两家店的内部竞争上来（自然而然，消费者并不了解这一点），这种转移将会让甲店损失一大批客源，而乙的第一家店会因为优势突出而成为大家关注的焦点。

诱饵效应容易对消费者产生误导，因此是非常实用的博弈手法。即便在职场上，这样的情况也很常见，面试者为了能够在众多竞争者之间脱颖而出，就会设定诱饵，这些诱饵往往是其他人身上的某些特征，然后面试者会将自己身上的特征也表现出来，这样面试官就会通过对比来关注面试者身上的一些优势了。

诱饵效应虽然应用广泛，但是在使用的过程中需要注意一个问题，作为搅局者，诱饵与目标选项相比有一定的相似性，但应该比目标选项更差一些。相似性就容易使人们产生对比，这是吸引目光的一个策略，而比目标选项更差，则能够有效凸显出目标选项的优势。在这个时候，人们的选择自然而然更容易受到干扰和引导。

反向进行博弈：化被动为主动

有一群小孩子每天都吵吵闹闹，这让住在附近的老人感到非常困扰，老人屡次要求孩子们保持安静，可是没有人听进去，大家依然吵吵嚷嚷，老人连午觉也睡不好。有一次，一个老人听到孩子又在屋外吵闹，于是走到孩子面前，然后拿出一把糖："如果你们能够保持安静的话，我就给你们糖吃。"孩子们纷纷点头同意。于是老人给每个孩子分了一把糖，让孩子们离开了。

第二天，孩子又出现在屋子外面大喊大叫，声音比上次还要大，老人很快出门给了孩子们几块糖，孩子们高高兴兴离开了。第三天、第四天，孩子们依然准时在屋子外面吵吵闹闹，老人依旧每天给孩子一点糖，可是孩子越来越多，老人给的糖也就渐渐少了。与此同时，孩子们每一次出现时，吵闹的声音都会越来越大。某一天，老人再也没有糖可分了，孩子不依不饶，从那以后每天都在屋外喊叫。

老人的一个邻居也忍受不了孩子的吵闹，看到这种情况后，直接走到孩子面前说："我要听一听你们中间谁的嗓门最大，声音叫得越大的那个人，我给他的糖果就越多。"听完这句话后，孩子们纷纷大喊，邻居按照声音大小给予每个孩子不同的奖励。接下来的第二天和第三天，孩子们每天都会到这儿比谁的声音更大，邻居虽然会按照比赛结果进行奖励，可是他故意使得每次的奖励都比上一次要少一些。看到奖励越来越少，孩子们开始逐渐降低声调，一段时间之后，有孩子站出来说："对方给的糖果那么少，我们没有必要还要叫给他听！"就这样，这些孩子垂头丧气地离开，并且以后再也不大声喊叫了。

在这里，老人和邻居虽然都对孩子的行为进行了激励，但是一个是反向抑制的方式，另一个则采取将计就计的策略，反向抑制的方式在短期内会产生效果，可是一旦时间拖得久了，对方就会以此作为条件要求获得更多回报，孩子会变得更加主动——"我要主动去叫，这样就可以获得报酬"。而将计就计的方式却巧妙地将孩子的行为转化成一种被动行为——"我不想叫，只有别人给了奖励，我才会去叫"。

要知道，在利益面前，人们往往会形成一种谈判心理，即"你不想让我做什么，我偏要去做""你想让我做什么事，我偏偏就不做"，这两种对抗心理的目的就是通过谈判来获得更多的好处。有时候博弈者可以根据具体的行为对照这些对抗心理进行分析，然后针对性地制定博弈的策略。

如果双方因为某件事产生了一些矛盾，其中一方所做之事引起了另一方的不满，那么另一方有时候不要轻易去批判对方的行为，并试图通过利益刺激的方式来堵住这些行为，因为对方可能会将此作为筹码进行谈判，而人往往是贪婪的，一旦意识到对方无法满足自己，可能就会变本加厉。此时更聪明的方法应该反其道而行，给对方的行为点赞并给予奖励，让对方产生一个完全相反的想法："一旦我不准备做这件事，对方就会求我做这件事。"因此他们很容易就会抱着"你想让我做什么事，我偏偏就不做"的想法谈判，而这正好迎合了博弈者的想法。

这是一种非常巧妙的信息转换方式，打破了正常博弈的模式。许多人在谈判的时候，会明确告诉对方某种行为或者策略值得推行，但事实上从一开始他们就反对这种行为，只不过为了不引起对方的反抗，就会采取掩饰和转换信息的方式，将"不好的"伪装成"好的"，将"不喜欢的"伪装成"喜欢的"，然后以此来和对方讨价还价，这个时候对方的拒绝和对抗就会成为博弈者解围的方式。

很显然，一旦某个人对他人的行为表达不满时，双方从某种意义上来说容易发生对立，或者说在这里，博弈双方的立场和利益一开始是对立的：一方不希望发生这种事，而另一方却偏偏做了这件事（错误行为）。聪明的博弈者并不会一开始就将双方的立场放在对立面上，而是会巧妙地掩饰自己的不满，从而扭曲双方的对立局面，做这件事的一方就会莫名其妙地被推动着采取了与之前截然相反的方式行动，这个时候，原本做这件事的人会不断被对方牵制，直到他的"错误行为"被亲自抛弃掉。

比如某个公司的老总准备推行一项市场开发计划，并拥有1号项目和2号项目两个备选方案。他让下属Z和下属H两个人讨论一下哪个方案更加合适。Z提议开发1号项目，而H更加赞成开发2号项目。一直以来Z和H两人都不和，每次一方提出什么好的建议时，另一方总是会站出来提出反对意见。鉴于此，在双方进行讨论的时候，H留了一个心眼，故意对Z说1号项目非常不错，非常值得期待，并明确表态将会建议老总选择1号项目。结果Z在明明看重1号项目的情况下，提出反对意见，认为2号项目更加实用，价值也更高，风险还低一些。两个人为此争执不下，于是分别制订了方案书呈交上去。结果令Z吃惊的是，自己和对方一样都选择了2号项目，更吃惊的是，从一开始H就已经锁定了2号项目。

这样的策略往往和一个有趣的寓言故事相关，有个人准备经过一座桥，而桥的中间住着一个恶人，他不允许任何人通过，除非对方能够支付一大笔过路费，否则他就会让路人原路返回。不仅如此，这个恶人每天都拿着一张躺椅守在桥中间。对于过桥的人来说，自己身无分文，根本无法满足恶人的敲诈，于是就想了一个办法，他趁着对方在躺椅上打盹的时候，蹑手蹑脚地走到桥中间，然后迅速转身，面向自己来时的路。这时候恶人很快苏醒过来，他误以为这个人准备偷偷往前走，于是立即拦下了对方，然后要求对方立即转身退回去。其实恶人并不知道对方早就转身过一次了，此时转身退回去就使得对方顺利过了桥。

在这个故事中，过桥的人通过提前转身聪明地转换了自己的"位置"，从而误导了恶人，这个时候恶人的对抗实际上顺利帮助他过桥。因此对于博弈者来说，当分歧和对抗出现的时候，有时候不要仅仅将目光停留在如何说服对方上，不要想着如何做出回击，有时候只要巧妙地将双方的位置进行互换，那么对方接收到的信息就已经被改变了，而他们所提供的阻力往往就会成为一种助力。

一次性灌输大量信息会引发思维混乱

人们在面对一条清晰的信息时，通常可以保持头脑的清醒，可是在面对多条复杂的信息时，往往很容易受到信息的干扰。也正是因为如此，一些博弈者会故意提供更多的干扰信息来干扰他人的判断，当越来越多的信息被灌输之后，个人的思维容易陷入混乱状态。

比如9点钟的时候，发生了一起严重车祸，一大帮工人在施工现场看到了惨剧的发生，当警察前来问话时，不同的问话方式往往会对施工人员产生不同的影响。如果警察问"交通事故是几点钟发生的"，多数人都会回答说"8点钟"；如果警察问"事故发生时是8点还是9点"，就会有很多人表示自己不太清楚，他们会给出错误的答案。警察进一步询问"你确定不是9点或者10点钟吗"，这个时候将会有更多的人陷入模糊的记忆，施工人员中只有少数人回答正确。

很显然，当信息选项越来越多的时候，人们大脑中的不确定性就会不断增加，这个时候人们就容易产生错误的判断。久而久之，人们就会成为被动的信息接收者，其思考能力和分析能力也会受到对方的操控。就像上面的案例一样，如果警察再一次询问："你一定要好好想一想，时间难道不是10点钟吗？有人说是10点钟。"恐怕人们很快就会受到这条信息的引导，果断地相信事故发生的时候就是10点钟。这个时候，有理由相信，回答者的思维已经被对方彻底操纵和控制了。

据说警察在审问犯人的时候就会采取类似的方法，一般而言，犯人会坚持不认罪，并且从被抓的那一刻开始就已经计划好了一套说辞，决定什么该说，什么不该说，以及设定好了掩饰罪行的方法。这个时候，罪犯的信息是比较明确的，就是说一大堆假话蒙混过关。

可是警察会想办法一次性给对方灌输大量的信息来干扰这些事先设定好的信息，如果警察提问"昨天晚上8点（案发时间），你在哪里"，对方肯定会撒谎"我昨天很早就睡了"或者"我昨天和朋友一起打牌"。警察会问"你确定自己不是9点睡的""你确定不是前天和朋友打牌""你昨天下午3点钟在做什么，去过哪里""你昨天是不是和人吵架了""你平时睡觉都是这个点吗""你平时都和谁交往""×××路口的超市你知道吗""昨天的超市命案听说了没有""你确定没听说过昨天发生的超市命案，你今天早上没有出门，没有听新闻，好吧，你一般都几点起床"（又或者"昨天的超市命案死了2个人，你知道了吧""你确定是2个人，而不是3个，其中一个活过来了，你知道吗"）"你平时去超市吗？都喜欢购买什么""难道有人每次去超市只购买1袋纸巾""看来你很少去超市喽""你知道超市里的一包牛肉干多少钱吗？一桶豆油多少钱""你还记得你是从超市的哪一个出口出来的吗"……

社会学家曾做过调查，发现现在的人每天都可能会接收到大约3000种信息，这么多种类的信息往往会混淆在一起，人们不可能全部分清楚。这还仅仅是一天的时间，如果将大量信息在短短几秒钟或者几分钟内释放出来，灌输给某个人，那么这个人的思维体系很容易暂时"瘫痪"。

面对这一大堆的提问和信息输入，对方的头脑很难继续保持冷静和理性，大脑在超负荷运转下，往往会失去原有的控制力，原本精心设计好的说辞可能会在信息的狂轰滥炸下露出破绽。这些提问的信息往往非常杂乱，有些明显是在罪犯计划之外的话题，因此他根本无法做好充足的应对之策，而这样也会让他在接受询问时显得非常被动和慌乱。

当一方给另一方反复灌输某些针对性很强的信息时，对方的思维很快就会陷入混乱，他们的思考能力和反应能力都会下降，很多时候只能本能地做出回答，这样就会失去自控力而受到灌输信息的人的控制。之所以会这样，一方面是因为人的大脑无法在短时间内接收更多的信息，或者说人们的反应能力是有限度的，大量的信息涌入就会造成反应跟不上的现象，即便人们只是简单地在撒谎；另一方面是因为人们常常关注自己如何做出回答，而没有关注问题本身，可是思考答案本身就需要时间，因此当问题越来越多的时候，对于答案的追求会增加大脑的负担。

还有一个方面在于心理上的威慑，有时候即便信息内容很单调，只要反复灌输这些信息，例如反复提同样一个问题，对方也会感到不自在，内心的反抗会慢慢被消磨掉，或者容易出现失误。

通常情况下，为了保证效果，人们会在一个封闭的环境下灌输大量信息，因为在封闭的环境中，接收信息的人无法从外界获得更多的提示，这样就会增加他们做出错误判断的可能性。无论如何，灌输超负荷信息都是一种非常有效的信息攻击方式，能够打乱对方的思维部署，能够破坏对方的分析能力，当对方的大脑疲于应对的时候，灌输信息的人就能够轻易掌控主动权。

有效信息的甄别与提炼

前面的文章中已经多次谈到信息在博弈中的价值和作用，可以说谁掌握了更多有价值的信息，谁就能够在博弈中掌握更多的主动权，但这里提到的信息是指有价值的信息，而不是任何与博弈事件相关联的信息。有时候信息并不难获取，但问题在于这些信息是否有用，是否会帮助人们提升博弈的成功率，又或者是否是一些错误的、充满误导性的信息，它们会不会误导人们做出更加错误的行为。

有关信息的价值问题，科学家曾做了一个实验。他们将几只蜜蜂和几只苍蝇装在一个透明的玻璃瓶中，并且瓶子没有盖上盖子，只不过整个瓶子横着放在窗台上，而瓶底刚好对着窗户。结果所有的蜜蜂都拼命往瓶底钻，试图找到出口，最终活活累死。而苍蝇却在2分钟之内轻易就逃离出来。

这个实验是否证明了苍蝇比蜜蜂更加聪明呢？并非如此，实际上苍蝇更像是莽撞的探索者，它们并不会发现和在意事物的逻辑性，因此也不知道"光线更亮的地方就是出口"这个重要的信息。而蜜蜂是知道这一点的，它们可以依据光线亮度来找到出口，从这一点来看，蜜蜂并不笨，但恰恰是这个知识点误导了它们。

这个瓶子的瓶盖是开着的，蜜蜂完全可以畅通无阻地飞出去，但是它们此时更愿意相信瓶底处来自窗户外面的亮光，对它们而言，这样的光线就是一个重要信息，所以它们义无反顾地往瓶底处探寻出口。

通过这个实验，科学家们证实了蜜蜂身上充满逻辑性的行为模式，而心理学家却发现了错误信息对博弈行为的误导和影响。换句话说，蜜蜂比苍蝇更加懂得搜集信息，它们对环境的探索和发现有助于它们做出更加正确的判断，但有些时候或者说在某些特殊环境下，相关的信息可能只是一个陷阱，而蜜蜂无法识别这些陷阱。或者也可以说，蜜蜂没有办法对自己发现和掌握的相关信息进行有效甄别，它们更像是坚定的"拿来主义者"，而没有想过辨别真伪。

蜜蜂的悲惨遭遇给很多人提了一个醒，那就是在博弈中虽然需要尽可能地掌握信息，但是绝对要具备强大的信息甄别能力，这是利用信息的一个重要保障。当然，甄别信息的能力不仅仅源于对常规知识的了解，更在于掌握推理和分析的能力，尤其是注重培养在不同环境下的分析能力。有时候人也会像蜜蜂一样，陷入固定认知模式的陷阱中，这个时候理性分析和逻辑推理就会产生负面作用。

需要注意的是，在现实生活的博弈中，对手有可能会释放烟幕弹，他们会故意释放一些信息，而这些信息通常都被动过手脚，更真实的信息已经被隐藏起来了，如果人们不能甄别出孰真孰假，那么就可能会落入对方编织的陷阱中。比如人们平时都会去商场买东西，多数时候商家都会刻意隐藏信息，以混淆消费者的判断力，他们会告诉消费者"这件东西是今年最流行的产品"，但实际上这可能只是一个很普通的东西。他们还会告诉消费者"自己卖的东西都是真的，价钱也不贵，甚至抱怨自己已经不挣钱了"，但问题在于如果不挣钱，他还有心思卖产品吗？

聪明人都善于从对方身上寻找答案，就像一些人会通过动作、表情和语言来表达自己的内在想法一样，人们同样可以从中窥视到真实的东西。当一个人在描述某件事的时候，如果眼睛向左上角看，那么就意味着他在撒谎和编造故事，这个时候他所传达出来的信息也就显得不可信了。当人们说话之后总是盯着对方的眼睛看，那么他有很大的可能提供了不真实的信息。许多微表情都能够反映出说话者的内心状态，而一些语言和动作也会泄露自身的秘密。

许多人都听过这样的故事，有两个女人去县衙告状，两人分别状告对方抢走了自己刚满1岁的孩子，县官在询问之后，并没有得出一个确切的结果，因为两个女人都一口咬定孩子是自己的，并且都找出了相应的证据。没有办法，县官就提出了这样一个建议，干脆让两个女人去抢孩子，只要谁先抢到了这个孩子，那么孩子就判给谁。

一声令下之后，两个女人都迅速冲到孩子身边，然后一个抓住孩子的脚，一个抓住孩子的身子，可是两个人都往怀里拉扯时，孩子就大声哭喊起来。其中一个女人仍旧死死抱住孩子的身体不肯放手，看起来非常坚决。而另一个女人看着孩子痛苦的样子立即选择松手，并且一直流着眼泪。

虽然抱住孩子身体的女人抢到了孩子，但是县官却将孩子判给了选择松手的那个女人，因为他知道任何一个母亲都不忍心伤害孩子，只要孩子哭了必定会心软，而不会继续用力拉扯孩子。可以说两个女人截然不同的动作和表情展示出了她们内在的真实想法。

从对方身上寻找蛛丝马迹是一个非常有效的策略，但甄别信息的人必须拥有极强的观察能力和分析推理能力。可是如果这些虚假信息并不是博弈的另一方释放出来的，那错误原本就存在于博弈环境当中，人们需要对环境进行分析。而在分析这些信息的时候，如果外在环境出现变化，那么有时候就要懂得跳出固定的认知模式，寻求更为开放的探索模式，就像苍蝇一样，虽然有时候显得有些莽撞且没有章法，但它们的探索精神却是首屈一指的，这种探索尽管看起来有些冒险和随意，但同样可以揭示真理。

不要用中立思维计算概率

从前面的内容可知，博弈论是一个心理学概念，因为它涉及了心理层面的判断和斗争；博弈论也是一个经济学概念，因为它最初就来源于经济学领域。考虑到博弈论中存在很多数学分析和概率分析，可以说它还是一个数学范畴内的概念。比如很多信息都是以概率的形式存在的，无论是股市内的变化、投资风险和盈利的判断、猜拳游戏的规律，还是对他人心中想法的判断，都需要用到概率学。博弈本身就是一种概率上的预测，判断对方下一步会有什么反应以及怎么走，这些都是建立在概率学的基础上的，只能说对方有很大的可能这么做，而不是说对方一定会这么做。

正因为概率在整个博弈中非常重要，人们一定要善用概率进行分析，但是在日常生活中，人们常常会错误地理解概率。比如许多人经常会玩抛硬币猜正反面的游戏，这种猜硬币的模式通常更像是赌运气，而非博弈，毕竟硬币只有正反两面。而从概率学的角度来看，一枚硬币抛出去之后落地，出现正面以及反面的概率从理论上来说，人们可以粗略地将正反面落地时出现的概率设定为5：5。因此人们在猜测的时候可能会存在50%的成功率，以此类推，抛掷一次硬币，猜中正面的机会为50%，那么抛2次、3次、4次时，概率显然会更高。所以人们可能会这样说道："如果我连续抛掷5次，那么将会有很大机会获得成功。"但抛掷5次也并不能带来一个确切的结果，仍旧只是一个概率而已，如果运气不好的话，可能连续抛掷10次，落地都是反面朝上。

在打仗的时候，一直流传这样一个观点，那就是当双方发生激烈交战的时候，士兵们为了提高生存的概率，就应该躲到敌方炮弹炸出来的土坑内。这个观点有一定的合理性，毕竟炮弹每次在出膛之后，炮架都会在后坐力的影响下发生一定的偏转，因此之后的炮弹通常会越打越偏，而很少会落到同一个深坑内。事实上，炮弹不是不可能几次打到同一个地方，而是这样的概率很小，此外，在打仗的时候发射炮弹的大炮往往不止一架，大量发射的炮弹有机会落到同一个地方。

以上这两个看似风牛马不相及的故事，其实都有一个共同点，那就是概率。作为数学中的一个重要概念，概率是介于0和1之间的分数结构，为人们日常生活中可能发生的各类事件提供了一种相对科学的分析方法。当然在谈到概率的时候，专家们大都会说"概率的出现来源于次数的累计和统计"。但是诸如抛硬币猜正反面这样的游戏，即便不用试验，人们也都知道出现正反面的比例是5：5。相反地，没有人会不厌其烦地通过成千上万次的试验来验证这一点，而在试验次数较少的情况下，准确度又不高，可能会出现前面所提到的"连续抛掷10次，落地都是反面朝上"的反常情况。

人们通过简单的分析和观察就可以猜到某些事情发生的概率，比如抛掷硬币，比如考上重点大学，或者哪支球队会赢得比赛，对多数人来说，他们可能会形成一种惯性思维：一件事情非黑即白、非此即彼；如果不是成功，那么就是失败；不是出现这一面，就是出现另外一面。这样的思维也叫中立思维，该思维的最大特征就是将事情一分为二，然后简单地划分成5：5的比例，或者认为某件事发生的概率为50%。

但情况并不那么简单，比如一个人考上重点大学并不是取决于运气，而是实力和成绩，如果该学生成绩非常优秀，那么就可以说他有80%或者

95%的可能考上重点大学，一些意外因素（诸如生病、考场紧张、忘了填写答题卡、发挥严重失常）的确会导致意外的发生，但是这一类意外因素发生的概率实在很小。这个时候以为该学生考上重点大学的概率为50%就显得不合理了。

同样地，球队在比赛中要么就是输，要么就是赢，这是必然的，但是如果一支球队的实力明显超过另一支队伍，那么这支队伍获胜的可能性几乎是100%的，考虑到赛场上会有一些突发状况和其他意想不到的灾难性事件（主力球员受伤、主力球员被驱逐），这支球队仍有可能输掉比赛，但是仅仅因为这些因素就否定该球队的硬实力，认为它获胜的机会和对手一样多，那就显得有些可笑了。

一个容易被忽略的问题是，即便是抛硬币，其比例也不可能是5∶5的概率，科学家经过严谨的分析和论证，发现抛掷硬币时如果正面朝上，那么落地时正面朝上的机会会多一些，同样地，反面朝上的情况也是一样，因此硬币两个面初选的概率并不是对等的，而是更接近于51∶49。如果将硬币放在桌子上旋转来猜正反面，很多人也觉得比例会接近5∶5，但是科学家却发现硬币两边的重量不一样，正面比反面（背面）要重，正反面的概率大约为20∶80，即旋转硬币时有80%的可能是背面朝上。

可以说人们的中立思维本身就存在很大的漏洞，它将事物之间的联系以及可能产生的影响简化成为了"有"或者"没有"两种可能，但是不同情况下事情发生的概率是不同的。以中立思维去进行博弈的话，常常会做出误判，比如前面所提到的两支球队进行比赛，A队的实力比B队高出不止一个档次，通过实力对比，报告书上可以标明A队几乎100%获胜，或者获胜的概率达到95%。在报告书上，球队可以很快意识到自己的优势，A队的主教练认为自己的队员在心态上会对对方形成巨大优势，同时，球队只需要发挥出自己的特长来压制对手即可，根本没有必要制定太多烦琐的战术。如果按照中立思维，那么A队的获胜机会只有50%，这时候教练可能会变得更加谨慎，在制定相关战术时犯下错误。而球员也会丧失信心，打不出自己正常的比赛水平。这样一来，A队就容易在博弈中处于被动。

事实上，概率分析是博弈中的一个重要内容，也是博弈的一个重要工具，通过合理的概率分析，人们更容易对相关事件以及彼此之间的关系有更加准确的了解，然后制定合理的决策。如果简单地以5：5的思维来考虑和分析问题，那么人们的判断和决策就会发生错误，并对博弈结果产生很大的影响。

附录：博弈论与博弈树

　　人们在做任何一件事的时候往往会面临不同的选择，但通常人们都会倾向于分析各个选择，然后做出最优的选择。

　　比如一个人从A地到B地往往会遇到几个不同的选择。首先是选择出行的方式，选择自己开车、坐出租、公交车、地铁，还是选择轻轨，在诸多选项中如何做出合理的选择往往取决于多种因素，例如乘车的价格、乘车的速度、个人出行的习惯等。

　　其次是选择路线，不同的出行方式通常会存在不同的路线，而每一条不同的路线又可能会出现不同的岔路口和分支，这就像一棵枝繁叶茂、不断分权的大树。

　　出行的人通常不会盲目地先出发然后一路走、一路看，临时制定出行路线，或者到了岔路口才会想着下一步该从哪里走。相反地，从一开始他们就会将所有的乘车方式、乘车路线以及路线的岔路口都思考清楚，列出一张详细的表格，或者在大脑中画出一张地图。在出行的时候，出行者会通过这张地图来明确自己在某个地方或者某个岔路口时应该怎么走。

　　在安排正确合理的出行方式与出行路线时，人们需要设计出一个决策树。决策树是一个非常实用的预测模型，人们会将决策问题的自然状态或条件出现的概率、行动方案、益损值、预测结果等，用树状结构图表示出来。

决策树是一种图解法，可以直观运用概率分析，由于人们常常会将决策分支画成一棵树的枝干，因此被称为决策树。

这个相对简单的出行方案设计，其实就是一个决策树，当然这个决策树还可以扩展得更加细化一些，或者说具体的出行路线以及选择还可以进一步细化。但是这个简单的决策树模型已经比较清晰地指出了各种选择，人们可以通过决策树来寻找自己的最佳出行路线。

但是这个决策树所针对的只是个人的选择，可以说整个决策树所呈现出来的只是个人决策过程中的各个策略和方案，当两个人进行博弈或者多人参与到博弈当中时，决策树的分枝可能不是来源于某一个人的，而是各个参与者的轮流决策，而每一个参与者做决策时必须向前展望，这不仅仅包括自己的决策，还要考虑到其他参与者的决策。这样就增加了决策的难度，也增加了决策树的分枝。他需要置身于其他参与者的立场和处境，从而推断出他们可能采取的行动和决策，而所有的决策在做成决策树后，这种模式可以称为"博弈树"。

博弈树是决策树的一种，但是比一般的决策树更加复杂一些，不过它的作用和决策树一样。举一个简单的博弈例子，甲方是某个市场上的垄断者，在市场上获利很大，因此不允许任何人进入这个市场挑战自己的地位和利益。而乙是一个挑战者，期待着进入市场获得利益。双方之间会进行博弈，由于甲拥有绝对的优势，但他不愿意轻率地发生争斗，因此甲有两种选择，一种是对乙的行为进行警告，一种是直接对乙发起反击，直接将乙赶出去。对于乙来说也有两个，一个是在对方的警告和反击下，继续按计划行事，一种是撤退。而甲也会依据乙的策略发起下一次的行动，决定自己是继续进行警告，还是果断再次发起反击。

对于甲乙来说，他们都需要制定博弈树，通过这个决策树，双方可以对对方可能存在的策略进行分析，然后制定相应的策略，而通过这个博弈树，人们可以更清晰地意识到自己该怎么做。

对于任何人来说，博弈树都是一个非常有效的博弈工具，但是博弈树的缺点也比较明显，那就是由于会出现重复博弈的现象，考虑到双方可能存在的"你来我往"的博弈过程，整个博弈树的分枝会变得更加繁杂。

比如在象棋比赛中，一方可以将自己的兵中的任何一个往前走一格，或者两个马中的任何一个往前走一格，都会产生多种选项。而对方也将会产生同样多应对性的走法，简单的对弈也会产生很多种不同的博弈方式，而后续的走法更是惊人。仅仅依靠画出博弈树来解决这个问题会变得非常困难，即便是目前最强大的计算机，也无法让象棋中的博弈问题得到完美解决。

还有一种方法就是对博弈树进行裁剪，确保博弈树的分枝无休止地扩散出去。通常，双方都会想办法将局面导向对自己有利的一方，一旦在面对这些可能出现的糟糕情况（比之前遇到的糟糕情况更糟糕）时，就要果断将这一部分的分枝掐掉，因为再往下延伸，将会越来越接近这种糟糕的结果，甚至获得一个更糟糕的局面。此时在这个分枝上进行果断剪裁是一个比较明智的举动。

当然，在一般情况下，简单的博弈都可以通过画博弈树来解决，一些稍微复杂的也可以通过电脑程序构建博弈树并计算出结果。至于很多中等复杂的博弈（不是类似于下象棋的那种复杂博弈）可以通过树逻辑分析的方式得到解决，而无须画出明确的博弈树，这样做可以简化流程。